菠萝水肥一体化技术

石伟琦　马海洋　刘亚男　刘思汝　编著

中国农业大学出版社

·北京·

内 容 简 介

菠萝是我国岭南特色水果之一,常年种植面积约 100 万亩(1 亩=0.067 公顷),具有独特的营养价值和重要的经济价值,是雷州半岛、海南岛乡村振兴战略的"当家水果"。本书主要介绍菠萝生物学特性及生育周期,总结分析菠萝需水需肥规律,比较菠萝不同品种的抗旱性,详细介绍节水技术与水肥一体化技术、菠萝水肥一体化应用推荐方案,助力菠萝产业发展的提质增效。本书还介绍了菠萝关键栽培技术,菠萝水肥一体化技术需要的设施设备及肥料,供用户参考使用。

图书在版编目(CIP)数据

菠萝水肥一体化技术 / 石伟琦等编著 . —北京:中国农业大学出版社,2019.4

ISBN 978-7-5655-2197-3

Ⅰ.①菠… Ⅱ.①石… Ⅲ.①菠萝-肥水管理 Ⅳ.①S668.3

中国版本图书馆 CIP 数据核字(2019)第 066977 号

书　　名	菠萝水肥一体化技术
作　　者	石伟琦　马海洋　刘亚男　刘思汝　编著

策划编辑	孙　勇　王笃利	责任编辑	石　华
封面设计	郑　川		
出版发行	中国农业大学出版社		
社　　址	北京市海淀区学清路甲 38 号	邮政编码	100083
电　　话	发行部 010-62818525,8625	读者服务部	010-62732336
	编辑部 010-62732617,2618	出 版 部	010-62733440
网　　址	http://www.caupress.cn	E-mail	cbsszs@cau.edu.cn
经　　销	新华书店		
印　　刷	北京鑫丰华彩印有限公司		
版　　次	2019 年 4 月第 1 版　2019 年 4 月第 1 次印刷		
规　　格	850×1 168　32 开本　4.875 印张　120 千字　彩插 2		
定　　价	36.00 元		

图书如有质量问题本社发行部负责调换

序

　　我国是世界果品生产第一大国,果树种植面积和果品产量均居世界首位。2017年我国果树栽培面积达1 000万公顷,产量达8 000万吨,优质果品生产是我国农村经济发展和农民增收致富的主要经济支柱。中国的气候以季风气候为主,干旱少雨,降水时空分布不均等问题尤为突出,这是长期制约我国果树优质生产的瓶颈因素。如何稳定和提高这些水果的产量,我们一直缺乏有效的共性技术。为了保证增产,我国农业走过了一条高投入、高产出、高资源环境代价的发展道路。随着人口的持续增长、人民生活水平的不断提高以及公众对生态环境保护越来越迫切的要求,我国农业必须从单一追求高产、保障粮食安全的发展方式,向同时实现高产与环保的可持续发展方向转变。高产、高效现代农业成了我国乃至全球未来农业发展的必由之路。水肥一体化技术是将作物所需的肥料溶解于灌溉水中,通过灌溉水施入作物根区,强调了水、肥两大因素协同互作效应的一种灌溉施肥模式。这种技术具有节水、节肥、省工、增产、地形适应能力强等优点,因此,水肥一体化高效利用技术最有可能成为解决我国果树优质生产的限制因子,稳定和提高水果产量的共性关键技术。

　　菠萝是我国热带、南亚热带的特色水果之一,常年种植面积约100万亩,其中湛江种植面积约占55%,产量占60%,是我国菠萝主产区和优势产区。中国热带农业科学院南亚热带作物研究所植物营养研究室2009年开始依托湖光岩畔的植物营养学科3.33公顷基地进行菠萝不同品种的养分吸收规律和水分吸收规律研究,形成测土配方施肥技术和水肥一体化技术,2011年,凭借这些核心技术,研究室成员深入我国菠萝产业核心区——广东省湛江市徐闻县,联合中国农业大学资源学院教授和研究生,进村入户,共同开展菠萝高产、高效栽培技术示范推广,将研究与产业对接,技术与产品对接,示范与农户对接,近8年来,累积举办专家现场测产验收会3场,举办现场培训会100场,直接培训农户6 600人,获得了广东省农业技术推广二等奖,在菠萝产区获得较好的经济效益和良好的社会反响,科学研究和技术创新进展鼓舞人心。在近10年的工作基础上编写了这本著作,既是一个阶段性的成果总结,也是对我国热带植物营养学和作物栽培学内容的补充和丰富,更是推动热区农业转型的新探索。

我国是土地和水等自然资源紧缺型国家,水肥一体化技术的优点是减肥增效、适应能力强、节省人工、减少温室气体排放、清洁生产,符合国家战略需求;另外,随着劳动力价格的飙升,省工和高效的技术将倍受企业和社会的欢迎。可以预见,水肥一体化高效利用技术将成为现代农业的主推技术,必将在我国果园得到普及应用,并对提高土地和水肥利用率,促进农业可持续发展发挥着积极的作用。

徐明岗

2018 年 12 月

前　言

在植物生长的水、肥、气、热、光五大要素中,水是生命之源,深刻影响着肥、气、热的供应状况,是农业生产发展的必要条件。生产实践中普遍的共识是"以水调肥、以肥促水",水、肥具有密不可分、相互促进的关系。尽管植物吸收水分和养分是 2 个独立的过程,但水分是养分的载体,养分需要通过水分进行流动和运输。因此,研究水分和养分的交互作用,寻找二者间的平衡点是保证我国农业可持续发展的重要途径。我国 60% 的国土严重缺水,其余40% 的国土,尽管不缺水,但季节性干旱突出,水仍然是我国农业发展首要制约因子。以"胡焕庸线"为界,中国 5% 的人口居住在西部地区 60% 的国土上,95% 的人口居住在东部 40% 的国土上,随着东部地区城镇化和道路交通系统的发展,人口密度进一步加大,而耕地则进一步减少,东部地区单位面积上需要获得更高的产量才能满足日益增长的人口需要,水肥一体化无疑是解决这一矛盾的根本途径。

我国水资源丰富,总量约 2.81×10^4 亿米^3,但人均占有量少。近年来,随着全球气候变暖,干旱加剧,干旱面积不断扩大,全国年均农业受旱面积已由 20 世纪 50 年代的 1 330 万公顷上升到 20 世纪 90 年代以来的 2 670 万公顷。全国旱灾近年平均减产粮食 250亿千克,经济损失达 150 亿~200 亿元。我国传统灌溉方式以渠道灌溉为主,渠道是我国农田灌溉的主要输水工程。传统的土渠输水渗漏损失大,占到输水量的 50%~60%,一些土质较差的渠道输水损失高达 70% 以上。据有关资料分析,全国各渠道渗漏损失量达 1 700 亿米^3/年。我国是肥料生产大国,化肥用量占全球用量的 35％左右,也是肥料消费第一大国。由于施肥技术、肥料生产、产品不合理等多方面原因导致我国肥料当季利用率低,氮肥为 15％～35％,磷肥为 10％～20％,钾肥为 35％～50％,均低于日本、美国、英国、以色列等发达国家。化肥施用量大和施肥技术不合理,导致我国农田酸化、土壤板结、土壤肥力下降,加剧地表径流水质污染,导致水体富营养化,地下水污染,农产品品质下降等一系列危害。减少化肥施用量,合理施肥,提高化肥利用率,已成为我国农业可持续发展和保障我国粮食安全的重要问题。水肥一体化以其节水、节肥、高效得到国家的大力支持,引起越来越多的有关专家的关注。

目前,对水肥一体化生产技术的内涵已有较统一的定义和认识,即现代农业就是一项农、水、肥技术紧密结合,水、土、果树资源综合开发的系统工程。它要求在改进灌溉技术和灌溉管理制度及区域水肥资源平衡的基础上,努力提高水肥的利用率,以获得最佳的农作物水分肥料利用效率,包括农学范畴的节水、节肥和灌溉范畴的节水以及农业管理节水。这是以节约农业用水用肥为中心的农业。简而言之,凡是采用包括工程、农业、生物、管理等技术措施,充分有效地利用自然降水和灌溉水,使水肥的利用率和利用效率得到提高的农业即是现代农业水肥一体化技术。

现代农业水肥一体化技术的内涵包括节水灌溉技术,农田水分保墒技术,节水栽培,适水种植的品种布局以及节水材料、节水制剂的选用,抗旱品种选育和节水管理系统。节水包括多个环节,如水利、管理、农业措施等方面,其每一个环节都是相互影响、相辅相成的。只有将节水农业作为系统对待,才能做出全面正确的节本、增效对策。

从现代农业水肥一体化技术的概念可知,其根本目标就是在水资源有限的条件下实现果树生产效益的最大化,提高应用于农

菠萝水肥一体化技术

失量达 1 700 亿米^3/年。我国是肥料生产大国,化肥用量占全球用量的 35％左右,也是肥料消费第一大国。由于施肥技术、肥料生产、产品不合理等多方面原因导致我国肥料当季利用率低,氮肥为 15％～35％,磷肥为 10％～20％,钾肥为 35％～50％,均低于日本、美国、英国、以色列等发达国家。化肥施用量大和施肥技术不合理,导致我国农田酸化、土壤板结、土壤肥力下降,加剧地表径流水质污染,导致水体富营养化,地下水污染,农产品品质下降等一系列危害。减少化肥施用量,合理施肥,提高化肥利用率,已成为我国农业可持续发展和保障我国粮食安全的重要问题。水肥一体化以其节水、节肥、高效得到国家的大力支持,引起越来越多的有关专家的关注。

目前,对水肥一体化生产技术的内涵已有较统一的定义和认识,即现代农业就是一项农、水、肥技术紧密结合,水、土、果树资源综合开发的系统工程。它要求在改进灌溉技术和灌溉管理制度及区域水肥资源平衡的基础上,努力提高水肥的利用率,以获得最佳的农作物水分肥料利用效率,包括农学范畴的节水、节肥和灌溉范畴的节水以及农业管理节水。这是以节约农业用水用肥为中心的农业。简而言之,凡是采用包括工程、农业、生物、管理等技术措施,充分有效地利用自然降水和灌溉水,使水肥的利用率和利用效率得到提高的农业即是现代农业水肥一体化技术。

现代农业水肥一体化技术的内涵包括节水灌溉技术,农田水分保墒技术,节水栽培,适水种植的品种布局以及节水材料、节水制剂的选用,抗旱品种选育和节水管理系统。节水包括多个环节,如水利、管理、农业措施等方面,其每一个环节都是相互影响、相辅相成的。只有将节水农业作为系统对待,才能做出全面正确的节本、增效对策。

从现代农业水肥一体化技术的概念可知,其根本目标就是在水资源有限的条件下实现果树生产效益的最大化,提高应用于农

业的单位面积水肥的经济产出。现代农业水肥一体化技术研究要解决的中心问题是如何提高农业生产中水肥的利用率和利用效率,具体而言,就是要最大限度地提高下述比率:土壤储水量/降水量(灌溉量),耗水量/土壤储水量,蒸腾量/耗水量,施肥过程中果树对氮(N)、磷(P)、钾(K)等营养元素的吸收利用效率,生物量/蒸腾量,经济产量/生物量。本书旨在探讨菠萝水肥一体化生产技术的理论与实践,主要内容将围绕菠萝水肥一体化生产技术进行阐述。由于研究和认识水平限制,书中难免存在不足之处,敬请读者批评指正。

编　者

2018 年 10 月

目　录

第1章 菠萝生物学特性

菠萝广泛分布于南北回归线，是热带和亚热带地区的著名水果，是世界重要的水果之一，16世纪末，菠萝的栽培遍及世界大部分热带地区，17世纪传入我国。目前，全球约有90个国家和地区种植菠萝，主要产区集中在泰国、菲律宾、印度尼西亚、巴西和南非等国家。我国是菠萝十大主产国之一，主要分布在广东、海南、广西、福建、云南等省。

菠萝是热带第三大水果，收获面积占全世界热带水果收获面积的35%左右。亚洲最大，占全球收获面积的41%，其次是非洲，占全球收获面积的34%。其余是美洲和其他洲。近10年来，世界的菠萝产业发展呈上升趋势，收获面积和产量均获得一定程度的发展。统计数字表明，2004—2013年的10年间，菠萝收获面积增加32%（表1-1），以哥斯达黎加发展最为迅猛。

10年间，世界菠萝总产量也获得较大发展，由1 679万吨增加到2 477万吨，产量增加了47%（表1-2），全球菠萝种植技术获得了较大发展。

中国是世界十大菠萝主产国之一，据农业部发展南亚热带作物办公室统计，2013年中国菠萝收获面积6.24万公顷，居世界第4位，总产量138.60万吨，居世界第6位。2014年，中国菠萝收获面积7.05万公顷，总产量143.33万吨，平均单产20.4吨/公顷，年末总产值459 948.17万元（表1-3）。主要分布在广东、海南、云南、福建、广西等省区。其中，广东和海南两省的菠萝种植面积占全国菠萝种植面积的84%以上，产量占全国产量的90%左右。

菠萝水肥一体化技术

表 1-1　主要菠萝生产国家 2004—2013 年菠萝收获面积

万公顷

国家或地区	年份									
---	2004	2005	2006	2007	2008	2009	2010	2011	2012	2013
世界	77.46	80.86	84.12	86.15	85.28	87.72	95.23	97.09	99.59	102.27
哥斯达黎加	1.80	2.68	2.31	2.82	3.35	4.00	4.50	4.50	4.20	4.50
巴西	5.92	6.18	6.68	7.18	6.60	6.02	5.85	6.25	6.07	6.32
菲律宾	4.82	4.92	4.98	5.40	5.83	5.88	5.85	5.85	5.84	6.08
泰国	8.90	9.82	10.11	9.44	9.31	9.07	9.33	10.34	10.50	9.17
印度尼西亚	1.14	1.00	2.14	1.90	1.43	1.26	1.21	1.23	1.43	1.60
中国	6.14	6.22	6.41	6.64	6.40	6.40	6.40	6.03	6.10	7.82
印度	8.09	8.28	8.24	8.70	8.00	8.40	9.19	8.90	9.05	10.50
尼日利亚	11.98	11.65	11.70	11.75	12.00	12.50	18.00	18.00	18.00	18.00
墨西哥	1.57	1.53	1.48	1.59	1.71	1.70	1.66	1.73	1.77	1.79

注：数据来源于联合国粮农组织网站

表1-2 主要菠萝生产国家2004—2013年菠萝总产量

万吨

国家或地区	年份									
	2004	2005	2006	2007	2008	2009	2010	2011	2012	2013
世界	1 679.74	1 766.91	1 964.06	1 989.81	1 948.83	1 948.82	2 037.77	2 193.45	2 333.39	2 477.83
哥斯达黎加	107.73	160.52	198.01	154.71	166.75	168.20	197.68	226.90	248.47	268.51
巴西	221.59	229.52	256.06	267.64	256.85	220.65	220.56	236.55	247.82	248.38
菲律宾	175.98	178.82	183.39	201.65	220.93	219.85	216.92	224.68	239.76	245.84
泰国	210.10	218.33	270.52	281.53	227.82	189.49	196.60	259.32	265.00	220.94
印度尼西亚	70.99	92.51	142.78	139.56	143.31	155.82	140.64	154.06	178.09	183.72
中国	126.68	128.88	138.23	138.19	138.57	147.73	142.02	135.14	139.22	177.64
印度	123.42	127.89	126.26	136.20	124.50	134.10	138.68	141.50	145.60	157.10
尼日利亚	101.19	89.00	89.50	90.00	90.00	100.00	148.74	140.00	142.00	142.00
墨西哥	66.92	55.17	63.37	67.11	71.83	74.94	70.17	74.29	76.00	77.19

注：数据来源于联合国粮农组织网站

菠萝水肥一体化技术

表1-3 2009—2014年全国及各主产区菠萝产业数据

项目	年份	全国	广东	海南	广西	福建	云南
年末实有面积/万亩	2009	80.09	40.55	21.23	5.91	6.12	6.28
	2010	79.36	41.27	21.24	4.77	6.38	5.70
	2011	83.00	42.00	22.00	6.00	7.00	6.00
	2012	87.89	44.64	25.13	5.03	6.35	6.74
	2013	93.67	51.97	24.00	5.09	6.41	6.20
	2014	105.71	65.79	23.06	4.87	5.54	6.45
总产量/万吨	2009	104.38	63.62	29.66	3.23	4.10	3.77
	2010	106.83	67.55	29.73	2.76	3.16	3.62
	2011	112.00	68.00	30.00	4.00	4.00	6.00
	2012	128.71	82.10	34.27	3.05	3.78	5.51
	2013	138.60	88.90	38.30	3.30	3.70	4.40
	2014	143.33	91.80	37.30	3.40	3.90	6.90
总产值/万元	2009	135 897.60	82 706.00	37 397.00	2 877.00	6 039.96	6 877.65
	2010	169 189.10	114 180.10	38 649.00	2 456.40	6 654.00	7 249.60
	2011	194 800.00	122 400.00	54 000.00	4 100.00	6 300.00	8 000.00
	2012	327 325.56	328 702.62	83 781.00	3 325.40	6 375.60	15 106.00
	2013	449 966.71	218 737.56	901 145.00	3 801.60	6 517.49	20 800.00
	2014	459 948.17	332 873.09	84 383.00	4 132.00	8 080.08	30 480.00

注:数据来源于农业部发展南亚热带作物办公室

中国菠萝产量高,消费量也大,自产的产量已经不能满足国内市场的需求量。2007 年开始我国菠萝鲜果进出口出现逆差,需要通过进口满足国内市场需求,菠萝产品主要从东南亚国家进口,出口到俄罗斯、哈萨克斯坦等国家和地区。

广东是我国菠萝第一大主产区,菠萝种植面积占全国菠萝种植面积的 50% 以上,主要分布在粤西南、粤东南地区,其中,湛江地区菠萝种植面积占广东省菠萝种植面积的 70% 以上,产量占广东省菠萝总产量的 85% 以上。徐闻县是中国菠萝产业龙头县,全县菠萝产量占全国菠萝产量的 1/3,其中,50% 的菠萝分布在位于"菠萝的海"的曲界镇。在广东省徐闻县,菠萝种植户近 20 000户,千亩以上大户 200 人,从事菠萝贸易人员近 3 000 人,产值近27 亿元。菠萝种植业是徐闻县农业经济支柱之一。

1.1　植物学特性

菠萝浑身是宝,叶片纤维含量高,纤维提取物可用于纺织、服装、装饰用布及工业用纺织品等,菠萝叶还可以提取蛋白酶、多糖、酰胺类、酚类。茎可入药或作为饲料添加剂促进动物养分吸收,茎中含有 2.5% 的淀粉,经过提取可以用作培养基或用作饲料。果实含有丰富的营养成分,主要包括果糖、葡萄糖、蛋白质、脂肪、维生素A、维生素 B、维生素 C 以及钙、磷、铁、有机酸和蛋白酶等,维生素的含量,尤其以维生素 C 含量最高。每 100 克果肉中含全糖 12～16 克、有机酸 0.6 克、蛋白质 0.4～0.5 克、粗纤维 0.3～0.5 克,维生素 C 含量最高可达 42 毫克。果实中含有多种芳香物质,风味独特。菠萝味甘性温,具有生津止渴、健胃消食等功效,深受消费者喜爱。菠萝中富含菠萝蛋白酶,有丰富的药用价值。菠萝蛋白酶水解蛋白质具有很强的消化蛋白质和杀菌能力,被广泛应用于临床。

1.1.1　菠萝栽培种类

菠萝栽培品种约有 70 个,根据其形态、叶刺和果实特性,分卡因、皇后、西班牙和杂交种 4 类,杂交类有 Abacaxi 和 Maipure,但仅有一些主导种进行商品贸易。卡因类因法国探险队在南美洲圭亚那卡因地区发现而得名,栽培极广,为最易获取的品种,特点是植株高大健壮,叶缘无刺或叶尖有少许刺,果肉淡黄色,汁多,甜酸适中,为制罐头的主要品种。皇后类系最古老的栽培品种,有 400 多年栽培历史,为南非、澳大利亚、越南和中国的主栽品种之一。其特点是植株中等大,叶比卡因类短,叶缘有刺,果肉黄至深黄色,含水量和甜度均逊于无刺卡因,香味浓郁,以鲜食为主。西班牙类盛产于加勒比海,植株较大,叶较软,黄绿色,叶缘有红色刺,果皮紫色,果肉橙黄色,香味浓,供制罐头和果汁。杂交种是通过有性杂交等手段培育的良种,最为著名的种有美国夏威夷菠萝研究院培育的 MD2,还有 Pernambuco(果实中等大小)、Sugarloaf(果实大而重)、Variegated(果肉白色)和 Baby(果味超甜),既可鲜食,也可加工罐头,亚洲国家主栽种有泰国的 Pattavia、Phetchaburi、Nanglae,马来西亚的 Josapine、Moris。除此以外,澳大利亚的 Perolera 也较有名。主要分类品种(表 1-4)的特点分述如下。

1. 卡因类

卡因类为最易获取品种,分布范围极广,约占全世界菠萝种植面积的 80%,叶片较长,果实较大,平均单果重 1 100 克以上,果眼较浅,容易去皮。果肉颜色为淡黄色,果实水分较多,含糖量中等,可溶性固形物含量 14%～16%,香味稍淡,它是最适宜制作菠萝罐头的菠萝种类。代表品种为无刺卡因("夏威夷""沙捞越")等。

我国云南西双版纳地区以种植卡因菠萝为主,一部分和橡胶林套种,种植年限 5～10 年,每年 7—9 月成熟,以鲜食为主。雷州半岛的卡因以农场种植较多,主要制作菠萝罐头和加工果汁。

2. 皇后类

它是最古老的栽培品种。叶片较短,叶缘有刺,花浅紫红色,果实较小,果圆筒形或圆锥形,单果重 400～1 500 克,小果锥状突起,果眼深,果肉金黄至深黄色,含糖量较高,纤维较少,香味浓郁,多用于鲜食,果肉水分相对较少,贮藏期长。代表品种为巴厘("菲律宾")和神湾("新加坡")。

巴厘品种在雷州半岛表现明显的生长优势,容易繁殖,抗病性和抗逆性强,为当地的主栽品种,90%的农户选择种植巴厘,短期内(5~10年)巴厘的主栽品种地位难以撼动。

3.西班牙类

叶稍薄而软,叶片长且宽,稍张开,淡绿色,叶缘有尖而硬的红刺,也有无刺或少刺品种。果实中等大小,单果重500~1 000克,小果大而少,扁平,中间凸起或凹陷,果眼深,果肉深黄色,芳香带酸,肉质粗,纤维多,果实较耐储运,适于加工成罐头和果汁。西班牙种的优势在果实的外观品质,果皮红色至紫色。

近年来,中国引进少数西班牙品种进行试验,由于加工类菠萝价格不到鲜食品种价格的一半,国内菠萝种植以鲜食为主,农户更倾向于种植鲜食品种,所以西班牙品种尚未引起商家的关注。

4.杂交种类

杂交种是菠萝品种选育的新成果,是通过有性杂交等手段培育出来的良种。叶缘有刺,花淡紫色,果实较大,单果重1 200~1 500克。果肉黄色,肉质脆爽,纤维较少,香甜可口,可溶性固形物含量11%~15%,可滴定酸含量0.3%~0.6%,鲜食,加工制成罐头均可。代表品种有金菠萝、台农16号和台农17号等。

我国台湾地区从20世纪70年代开始进行菠萝的杂交育种工作,选育20多个杂交品种,形成的台农系列在大陆有较高的知名度。台农系列的一个重要特点果实的风味品质佳,适合亚洲人喜甜的特点。但植株的芽苗少,抗逆性差,如何繁殖也一直没有找到解决的办法。所以尽管台农系列知名度高,但大面积推广种植的品种有限。菠萝主要品种的特点,见表1-4。

菠萝水肥一体化技术

表1-4 菠萝栽培品种的主要特征

项目	品种及特征				
	西班牙 (Spanish)	皇后类 (Queen)	Abacaxi	卡因类 (Cayenne)	Maipure
叶片	多刺	多刺	多刺	光滑	光滑
果实重量/千克	0.9~1.8	0.5~1.1	0.6~1.4	0.7~2.3	0.8~2.5
果实形状	球形	锥形	锥形	圆柱形	圆柱形
果皮颜色	果眼大、深；橙色、橙红色	果眼深、黄色	黄色	果眼平、橙色	黄色或橙红色
果肉颜色	浅黄至深黄	深黄	浅黄至白色	浅黄至白色	白色至深黄
果心	大	小	小	中等	小、中等
果实味道	酸度大、纤维化	甜、微酸、低纤维	甜、肉嫩多汁	甜、中等酸度、低纤维、多汁	甜、纤维化、肉嫩多汁

1.1.2　中国菠萝主栽品种

进入21世纪,农业部(现为农业农村部)先后启动"948"项目和菠萝行业专项项目,有计划、系统地开展菠萝品种引进、改良和选育工作。目前,中国热带农业科学院南亚热带作物研究所建有亚洲最大的菠萝种质资源圃,保存种质资源200份以上,包括主要的商业栽培品种、有开发价值的品种、杂交选育的优良单株。近年来,新品种的评价也取得了一些进展,其中,陆新华评价了引进的12个泰国品种果实品质,分析了10份种质资源的抗旱性和耐寒性,为菠萝产业的品种的更新、替换提供了理论指导。下面对主要的商业栽培品种进行分别介绍。

1.巴厘

它又称"菲律宾",株高75～110厘米。叶片较宽,叶绿色,叶片中央有红色彩带,叶面被薄粉,叶背被厚白粉。叶缘呈波浪形,有排列整齐、细密的硬刺。一般有吸芽有2～3个,裔芽1～9个。花淡紫色。果皮黄色,果实中等大,圆筒形,平均单果重1.15千克。果眼深,果肉黄至深黄色,肉质爽脆,果汁中等,风味浓,适宜于鲜食。以自然成熟的6—9月果实品质最佳,市场上集中供应在3—5月,品质相对较差,可溶性固形物含量15.60%,可溶性糖含量22.45%,维生素C含量107.03毫克/千克,可滴定酸含量0.42%。该品种抗性强,比较耐旱、耐瘠薄,高产、稳产性能好。巴厘品种是我国菠萝产业中占绝对优势的主栽品种。

2.无刺卡因

它又称"夏威夷"、沙拉瓦、千里花等。株高80～120厘米,叶片狭长,叶缘无刺或叶尖有少许刺,叶槽中央有一条明显的紫红色彩带,叶面光滑,叶背披白粉。每株吸芽0～2个,裔芽3～10个。果实较大,单果重1.5～2.0千克。果眼浅,果肉颜色为淡黄色,风味清香,甜酸可口,肉质脆,果汁多,纤维较多。可溶性固形物含量

16.40%,可溶性糖含量15.16%,维生素C含量47.53毫克/千克,可滴定酸含量0.57%,糖、酸比为26.40。果皮薄,易受烈日灼伤。云南主要栽培品种,除鲜食外,为适宜加工制作菠萝罐头的优良品种。

3.金菠萝

该品种株高60～70厘米,叶片较宽,绿色,每株吸芽1～2个。果实圆筒形,单果重1.5～2.5千克,果眼扁平或微微隆起,果肉颜色黄色至深黄色,风味芳香、清甜,果肉质地粗糙,口感爽脆。可溶性固形物含量13.18%,可溶性糖含量13.20%,维生素C含量473.63毫克/千克,可滴定酸含量0.53%,糖、酸比为25.10。其维生素C含量高,是其他品种的4～10倍,保健功能显著,也是海南商业化发展最迅速的品种。金菠萝有鲜食和加工两用品种,目前,以鲜食为主。

4.台农系列

台农系列为我国台湾农业研究所选育,由台商引入闽、琼地区种植,风味契合大陆人口味,市场上备受消费者推崇。

(1)台农16 又称"甜蜜蜜",平均株高90厘米,叶缘无刺,叶顶端有小刺,叶片中央呈浅紫红色,有隆起条纹,边缘绿色。果皮黄绿色,果实呈长卵形,单果重1.1～1.5千克。果眼浅,果肉黄或淡黄色,硬度较大,纤维极少且细,肉质细嫩、爽滑,可溶性固形物含量为15%～23%,具有浓郁香味,为鲜食品种。果实正常产期为7—8月。其果柄细长,抗性差,容易发生倒伏或日灼。

(2)台农17 又称"金钻",是我国台湾地区的菠萝主栽品种之一。植株半开张,叶片较短,浅绿色,叶尖有少量紫红色小刺。果皮绿黄色,果实圆柱形,平均单果重1.2千克。果肉颜色较浅,硬度大,淡黄色,香味清淡,酸甜可口,纤维含量中等,果肉质地爽脆,口感及风味好。可溶性固形物含量16.43%,可溶性糖含量17.05%,维生素 C 含量 137.23 毫克/千克,可滴定酸含量0.38%,糖、酸比为44.53。

（3）台农21　商品名为"黄金菠萝"。平均株高80厘米,叶缘无刺,仅叶尖有少许小刺。叶片颜色翠绿,株型张开。果实圆筒形,平均单果重 1.34 千克,果眼浅。果肉颜色较深,金黄色,口感风味香甜爽口,纤维中等,适宜鲜食。可溶性固形物含量17.25%,可溶性糖含量18.51%,维生素 C 含量 176.17 毫克/千克,可滴定酸含量0.71%,糖、酸比为26.21,优于其他多数品种。

台农系列以在海南省种植为主,雷州半岛仅有零星种植。

5.神湾

它又称"新加坡"、金山种等。该品种植株较矮小,叶片短而窄,叶缘有锋利而排列整齐的刺,叶片中央有红色彩带,叶面白粉分布与巴厘品种相似。植株分蘖能力强,吸芽多达 9～24 个。果实较小,呈短圆筒形,冠芽较大,单果重 0.50～0.75 千克,为早熟品种,一般 6—7 月成熟。果肉橙黄色,肉质爽脆,果汁少,香味浓郁,糖、酸含量较高,鲜食口感风味佳,果实耐储运。神湾主要在珠三角种植,在广州、深圳、港澳地区受消费者欢迎。

6.粤脆

由广东省农业科学院果树研究所选育,植株高大,较直立,叶狭长,叶面有明显粉线,呈银灰绿色,叶槽深,叶缘有刺。抽蕾期一般为 3 月至 4 月下旬,花期为 4 月下旬至 5 月上旬,花淡紫色,果实成熟期为 8 月中、下旬,一般单产为 2 500～4 000 千克/亩。果实较大,果肉黄色,肉质爽脆,纤维少,香味浓,可溶性固形物含量15.20%,可溶性糖含量12.80%,维生素 C 含量 187.00 毫克/千克,可滴定酸含量0.44%,食用口感较佳。适用于鲜食和加工。

1.1.3　菠萝的形态特征及生长发育特性

菠萝植株包括根、茎、叶、花、果柄、果实、冠芽、裔芽、吸芽等器官,各器官在不同时期其养分吸收、生物学特性均有所不同,了解菠萝各器官的形态特征和生长发育特性,对菠萝栽培管理具有重要意义。

1.1.3.1 根系

1.根系分布

菠萝的根系由茎节上的根点直接发生而形成,它是从土壤中吸收各种养分和水分的重要部位,具有固定支撑植株的作用。菠萝的根系分布较浅,具有明显的浅根性和好气性,一般分布在0~40厘米深的土层,其中,90%的根系集中在深20厘米、辐射植株周围40厘米的土层中。只要土壤条件适宜,支持根可以下扎至100厘米深的土层中,水平分布在离植株约80厘米的范围。根系分布特点因芽苗种类不同而有差异,以吸芽为种苗形成的根系垂直分布最深,以裔芽为种苗形成的根系垂直分布次之,且以吸芽和裔芽为种苗形成的根系水平分布较窄,而以冠芽为种苗形成的根系垂直分布最浅,水平分布较宽。

2.根系组成

菠萝的根系由气生根和地下根组成。一般一株健康、充分生长的菠萝植株茎上长有800~1 200个根点,气生根是由茎节上的根点直接发生而形成的,当气生根与土壤接触后,条件适宜,向土壤中生长形成地下根。

(1)气生根　气生根是菠萝根系的重要组成部分,可伸长约30厘米,生长在茎和叶、芽苗叶腋处,由于受叶基的阻隔或离地表过高,难以触及土壤,缠绕在叶腋和茎处顽强生长,靠植株自身供应水分和养分,也可吸收叶腋处的水分和矿质养分。不同品种的菠萝吸芽位置不同,位于吸芽叶腋处的气生根深入土壤的难易程度也不同。无刺卡因菠萝吸芽着生位置较高,气生根难以接触土壤;而巴厘菠萝着生于吸芽叶腋处的气生根位置较低,较易深入土壤变为地下根。

（2）地下根　菠萝的地下根从根点萌发穿过茎的皮层,然后伸入土壤,属纤维质须根,吸收根细长,分枝多,可以有效地吸收土壤中的养分和水分,保证植株快速生长。定植时,应剥去芽苗基部的叶片,刺激根点萌发。

地下根因着生位置和功能不同,可分为粗根、细根和须根 3 种。①粗根是一级根,也是永久性根,直径为 0.2 厘米左右,有100～150 条。粗根发生初期具有吸收水分和养分的功能,脆而易折。②细根从粗根的中、下部生出,每条粗根可分生 3～9 条细根,分生出细根后,粗根逐渐木栓化,主要起输导水分、养分和支撑植株的作用。细根是二级永久性根,直径 0.10～0.15 厘米,分枝多,密生根毛,起吸收、输导和支持的作用。③须根从粗根或细根上分生,以细根为主,是临时性根,生长旺盛,每株菠萝植株有 600～800 条须根。须根白色幼嫩,多分枝,表皮上密生根毛,吸收养分能力强,是菠萝的主要吸收根,但寿命短,抗逆性差,土壤逆境、光照过强、雨水过多、风力过大及温度过低等都会加速其死亡。

菠萝地下根的细根和须根尖幼嫩部分有菌根与其共生,菌根的菌丝体能够在土壤含水量低于凋萎系数时从土壤中吸收水分,从而增强了菠萝植株的耐旱性和营养吸收能力,同时菌根又能分解土壤中的腐殖质,提供菠萝生长所需的营养物质。

3.影响根系生长的其他因素

菠萝根系生长受温度、水分、养分、土壤酸碱度和土壤质地等因素影响。

（1）温度　菠萝根系最适宜的生长温度是 29～31℃,超过35℃,根系生长缓慢或停止;低于 5℃,持续 7 天,根系停止生长并死亡。短时间低温情况下,菠萝根系尚可生存。当温度达到 15℃以上时,根系开始迅速生长。一年中,春、夏季节根系生长迅速,秋、冬季节根系生长缓慢。在华南地区,每年 3 月气温开始回升,根系开始生长,随着气温升高,根系生长加速;5月下旬至7月末,根系生长达到高峰期;8月中旬,地表温度超过45℃,根系向深层生长,避免高温造成的伤害,表层根系生长停止,如果高温持续时间长,又有焚风,将导致表层5厘米处大吸收根枯死;9—11月,随着天气转凉,根系生长速度放缓;12月至翌年1月,如果低温持续时间过长,产生寒害,根系基本停止生长,表层根群枯死。

(2)土壤酸碱度和质地　土壤质地是影响菠萝生长的重要因素,菠萝根系生长最适宜的 pH 为 4.0～5.5,土壤过酸或中碱性土壤都不利于菠萝根系的生长。在土壤贫瘠、易板结和排水不良的菠萝园地,耕层浅,菠萝根系生长发育不良,根系分布浅,脆弱而纤细,植株生长受阻,容易衰老;而土壤肥沃、疏松、透气性好的菠萝园地,耕层深厚,有机质含量高,根系生长迅速,根粗壮而密,地上部生长健旺,为菠萝高产奠定基础。

(3)水分和养分　土壤肥沃,养分充足,水分适宜,是根系健壮的必要条件。在各种无机养分营养元素中,以氮素对菠萝根系影响最大,氮素适宜则新根和吸收根多,氮素过高和过低都会导致地下部发根少,根系发育不良。

1.1.3.2　茎

菠萝的茎为黄白色、肉质,未结果的茎呈纺锤形,长 20～30 厘米,直径 2～6 厘米,具有支撑作用,使叶片有规律地排列,充分利用光照进行光合作用。菠萝茎是输送水分和养分的重要器官,储藏大量淀粉和纤维素。茎上着生叶的部位称为节,成熟的茎上,每一叶腋间有一休眠芽,茎节上有许多根点。

菠萝的茎分为地上茎和地下茎 2 部分,二者界限不明显。①地上茎着生螺旋状排列的叶片,顶端最中央是活跃的生长点,菠萝在营养生长期不断分生叶片,使茎不断伸长增粗至生殖生长阶段则分化成花芽,形成花序。抽生花序时,茎伸长生长明显加快,近顶部节间逐渐拉长。当花芽分化抽生花序时,部分休眠芽即相继萌发为吸芽和裔芽。②地下茎埋于土壤中,有许多不定根缠绕,地下茎的休眠芽萌发为块茎芽。通常地下茎的粗细是衡量菠萝植株强弱的重要指标,也是判断菠萝高产的标准之一。茎粗壮,叶片宽厚,植株生长健壮,有利于菠萝高产;茎细弱,叶片瘦长,植株就矮,菠萝果实小,产量就会低。一般由吸芽或裔芽繁殖的菠萝,地下茎基部稍微弯曲,由冠芽繁殖的菠萝,茎基部直立。

1.1.3.3　叶

叶片是进行光合作用的重要器官,菠萝植株叶片多少、大小、发育程度和叶面积直接影响光合作用强弱,对菠萝果实质量和品质有重要影响。菠萝叶片的形态结构,具有显著的旱生性特征,向降低蒸腾作用和增加水分贮藏两个方面发展。菠萝叶片呈螺旋状排列于茎上,整个叶片呈剑形,硬而狭长,叶缘有刺或无刺,无叶柄,叶片深绿色或淡绿色,常有紫红色条带,成熟叶片长 40～130 厘米,宽 4～7 厘米,厚 0.2～0.25 厘米。

不同品种菠萝叶片颜色、形态、叶刺分布、叶刺密度和彩带情况等会各不相同。如巴厘菠萝叶片灰绿色,叶缘有刺细而密,刺较弯,叶片边缘呈微波浪形;卡因菠萝叶色浓绿,有光泽,质硬而厚,边缘笔直,叶缘无刺或只有尖端有少许刺。

菠萝叶片颜色还与光照有关,光照过强时,叶片失去原有绿色,变黄。植株生长受到外界信号刺激时,会在叶缘生长出一小段刺。遇干旱或喷施植物生长调节剂时,无刺卡因品种叶缘就会长出刺来。叶片彩带分布有中间无彩带(台农 4 号)、中间有彩带(台农 17 号)和两边有彩带(红西班牙)3 种类型。叶片中脉部分较厚,稍凹陷,叶缘两侧较薄向上弯曲,形成叶槽,这种结构有利于将雨水和露水积聚于叶片基部,供叶基组织和气生根吸收利用,同时可以抵抗弯曲压力。叶片背面有一层蜡质毛状物,称为毛状体,毛状体是表皮组织向外分生出的一种盾形细胞组织,具有吸收水分和养分的作用,可有效阻止水分蒸发,降低蒸腾作用,调节叶片温度,同时增强叶片对光的反射能力。叶面有毛状体,但少于叶背毛状体。菠萝叶片气孔主要分布在叶片背面,气孔的密度为70～85个/毫米^2,多集中在叶片凹槽纵向槽纹所形成的沟中。

菠萝植株的叶片数和叶片大小因品种而异,叶片数量不但可以反映品种类型,还可以反映植株的发育状态。叶片数达到一定数目后,菠萝就会由营养生长阶段向生殖阶段转化,巴厘品种青叶(完全转绿的叶)数达到30～40片,卡因品种青叶数达到40～50片,植株即进入生殖生长阶段,开始花芽分化。自然成花的菠萝,巴厘品种有50～60片叶,卡因品种有60～70片叶。菠萝全株叶面积达0.8～1.0米^2,一般可以产果重1千克,每增加1片叶,平均果重增加约70克。当单果重超过1.75千克以上时,叶片数增加与单果重增加没有明显的相关性。

一般菠萝营养诊断采用D叶,即把菠萝植株所有叶片束起时,最长的3片叶(称为D叶),D叶是生理上最活跃的叶片,作为光合作用分析、营养诊断、水分供应及生长发育状况监测的标准叶,其长度、宽度和叶面积能有效预测菠萝的产量。生产实践中,30～40厘米以上叶片数可作为适时催花的参考依据,通常情况下,巴厘菠萝30厘米以上叶片数达到30片,卡因菠萝40厘米以上的叶片达到35片就可以催花。

菠萝原产热带,忌低温、霜冻,叶片抽生和植株生长受温度影响较大。菠萝叶片在温度为28～31℃、空气相对湿度80%时,生长速度最快;在温度低于14℃或高于40℃时,则生长缓慢甚至停止生长。菠萝叶片生长的年周期变化规律与根系年周期变化相似。

在我国南亚热带地区,由于不同季节光照、温度和降水量等有所差异,在年生长周期中叶片的生长速度亦不同。3—4月,气温回暖,降水量增多,每月出叶数增加;5—6月,叶片生长速度加快;7—9月,高温、高湿,叶片生长速度达到高峰,平均每月出叶数4～

8片；11—12月，气温转低，干旱少雨，叶片生长缓慢；翌年1—2月，低温、干旱，叶片生长几乎停止，每月平均出叶数不足1片。如果1—2月出现持续低温，菠萝易出现寒害，叶片表现出褪绿变成深褐色而干枯，引起植株生理机能障碍。

1.1.3.4　芽

菠萝芽体依着生部位不同，可分为冠芽、裔芽、吸芽和块茎芽。菠萝芽作为繁殖材料，芽苗大小直接影响植株长势、果实大小、商品率，最终还影响下一代新抽生芽苗数量。

1. 冠芽

冠芽，又名顶芽或尾芽，着生于果实顶部，像给果实戴了一顶"皇冠"，故称"冠芽"。冠芽可保护果实免受日灼伤害，提高菠萝鲜果商品价值。冠芽在形成果柄和果实之后由茎顶端遗留下来的分生组织继续发育形成，生长随同菠萝抽生花蕾和果实发育而一起生长。一般冠芽10～30厘米，重量50～400克，其大小受品种、温度、湿度、栽培措施和激素等因素影响。巴厘品种冠芽小而紧凑，卡因品种冠芽大而分散。正常菠萝植株一个果实顶端着生一个冠芽，当遇到环境不良或催花浓度不适时，会出现复冠芽、鸡冠芽或无冠芽。冠芽作为繁殖材料，其优点是叶多而密，根点多，定植后发根快，生长旺盛整齐；其缺点是芽体较小，生长周期较长，需要2年才结果。

2. 托芽

托芽，又称裔芽。着生于果实底部，像众星捧月一样托住果实，故名"托芽"，托芽数量因菠萝品种而异，一般每株生2～6个不等，托芽随着果实发育而长大。同等营养和栽培条件下，皇后类品种托芽少，卡因类和西班牙类品种托芽较多。同一品种，自然抽蕾的比生长调节剂催花的产生的托芽多，且托芽数量春夏果植株比秋冬果植株多。巴厘品种主要用托芽作繁殖材料，定植后发根较

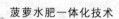

慢,一般一年半即可收获。

3.吸芽

吸芽,又名腋芽,着生于母株地上茎的叶腋间,大部分在母株抽蕾后才抽出,开花结束后 1 个月左右为吸芽盛发期。吸芽抽生的数量,与菠萝品种和植株长势有关。卡因品种的吸芽较少,为 0~3 个,萌发迟,芽位较高;巴厘品种的吸芽较多,为 2~5 个,早生,芽位适中;神湾种吸芽多达 10 个以上。生长健壮的植株吸芽数量多,反之吸芽少。在三年二造的菠萝园,吸芽多用于替代母株结果,吸芽少甚至无,都会影响次年的结果及菠萝产量。

吸芽芽体比冠芽、托芽大,是较好的繁殖材料,缺点是种苗的整齐度差。在果实收获后可摘下作种苗,基部叶腋间出现褐色小根点,这是芽成熟的标志。用吸芽作种苗,植株生长 1 年左右可开花结果。如果使用过于老熟的吸芽作为种苗定植,植后不久就会出现抽蕾、开花结果,但结果小,没有经济价值。

4.块茎芽

块茎芽,又叫蘖芽、地下芽,着生于母株地下茎,为母株上芽位最低的芽体,受叶片遮蔽,光照不足,数量少且生长细弱。用块茎芽作为种苗繁殖,结果期最迟,要比吸芽晚 3~4 个月,且果实小,产量低,故一般不宜选作种苗。当菠萝园种植年限长,宿根菠萝园其他类型芽位过高时,可适当保留健壮块茎芽作为翌年的结果株。

1.1.3.5 果柄与花

菠萝经过一段时间的营养生长,达到一定叶片数后,便能进行花芽分化。自然条件下,花芽分化时期与菠萝品种、植株大小、种植区域和栽培措施等有关。无刺卡因品种青叶数达到 35~50 片,叶面积达 1.5~2.5 米^2 时,便进行花芽分化;巴厘品种青叶数达 40~50 片,神湾品种青叶数达 20~30 片,便开始花芽分化。大苗比中、小苗早分化 10~20 天,花芽分化前 2 个月肥水充足的植株抽蕾开花早。菠萝不论植株大小、季节不同,进行人工催花,均可完成花芽分化,夏季催花花序在 10～15 天分化完成,秋季催花则需要 30 天左右。

花芽形态分化分 4 个时期:①未分化期,生长点狭小而尖,心叶聚合扭曲,叶片基部青绿色;②开始分化期,生长点逐渐增阔,向上突起延伸,心叶展开,叶片基部黄绿色;③花芽形成期,生长点周围形成许多小突起,花序和小花原始体形成,叶片随花芽发育膨大而形成一丛,叶基部出现红环;④抽蕾期,小花苞片分化完成,冠芽、裔芽原始体形成,心叶变红。花芽分化植株中心叶片变细、短、聚合,当株心现红时,茎的顶端形成花序,并开始开花、抽蕾。整个花芽分化期为 30～45 天。菠萝花序和果柄起源于茎顶端分生组织,果柄开始生长时,顶端分生组织直径增大。果柄顶部有 5～7 片苞叶,在菠萝成花后,果柄开始伸长生长。果柄长度受开花季节和菠萝品种等因素影响,差异很大。

菠萝为头状花序,花序由 50～200 朵小花聚生而成,螺旋状排列,小花为无柄完全花,每朵花基部有肉质萼片 3 片,花瓣 3 片,基部白色,上部紫色,互叠呈喇叭状。雄蕊 6 枚,雌蕊 1 枚,柱头 3 裂,子房下位,有 3 室,每室 14～20 个胚珠。开花时,一般从基部的小花先开,沿着花序的轴由下向上顺序开放,一个花序,全部小花开放完毕,一般历时 15～30 天。巴厘品种小花数较少,开放时间约 15 天,甚至更短;无刺卡因品种小花数多,开放时间较长。定植种苗大小及菠萝园肥水条件对菠萝花芽分化也有一定影响。

1.1.3.6　果实

菠萝的果实为聚花肉质果,由花序中轴和周围小花的肉质子房、花被、苞片融合发育而成。菠萝每一朵小花发育成一个小果,即"果眼",表面呈不规则的六角突起,小果聚合成复果。每个小果有一个果丁,果丁内可见残留的雄蕊和雌蕊,果丁深浅与果肉鲜食率是市场上优质商品果一项经济评价指标。菠萝平均小果数为

100个。基部小果大而饱满,顶部小果小而不饱满。小果的大小、形状和特征以及深浅,与菠萝品种有关。小果数目决定单果重。

菠萝果实的形状、大小和颜色与品种、植株长势强弱、抽生叶片数和结果期温度有关。巴厘菠萝每平方米叶面积可生产菠萝1千克;无刺卡因品种青叶数有30片时,则可生产菠萝1千克,在40～60片叶的范围内果实重量与叶片数呈正相关。菠萝果实以卡因类品种最大,圆筒形,成熟时果皮黄色,果肉淡黄色;皇后类次之,圆筒形或圆锥形,成熟时果皮黄色,果肉黄色或深黄色;神湾种最小,短圆筒形。果肉口感、纤维含量、果汁含量、糖酸含量等性状与鲜食、加工、运输、储存密切相关。从花序抽生到果实发育成熟需120～180天,果实的纵横径和鲜果重增长呈S形变化,谢花后20天生长速度最快,以后逐渐变缓。具体发育期长短因品种、抽蕾时期和抽蕾后的环境条件而异。

菠萝植株一生只开花结果一次,但是在开花结果的同时不断抽生吸芽,以延续母株生命。母株旁的吸芽又和母株一样,边开花结果边再抽生吸芽,因而由母株及其后代组成的植株群能够多次开花结果。

菠萝自花不孕,一般果实不产生种子。异花授粉可产生种子,棕褐色,长3～5毫米,宽1～2毫米,形似火龙果的种子,像芝麻。

1.2 环境条件

菠萝原产于巴西、巴拉圭一带的热带雨林和热带高原地区,对环境条件适应能力比较强。菠萝喜温暖湿润的气候、肥沃疏松的土壤,忌低温霜冻和易积水的土壤。只要环境条件良好,菠萝周年均可生长、结果。对菠萝生长发育和产量品质影响较大的因素有气候、土壤、水分、光照等。只有了解菠萝种植区不同物候期上述因子的情况,才能因地制宜地改善栽培措施和环境条件,更好地满足菠萝生长发育需求。

1.2.1　温度

发展菠萝生产,要求常年有充足的光照和较高的温度、湿度,经济栽培适宜区年平均气温为 21～23℃,大于或等于 10℃的年有效积温 7 000～9 000℃,最冷月(1 月)平均气温 12℃以上,冬季极端低温多年平均值大于 5℃。理想的菠萝种植区年均温 25～30℃,12 月至翌年 2 月均温大于 18℃,年降水量 1 400 毫米以上且降水量分配相对均匀,光照充足。

菠萝是多年生植物,性喜高温,温度决定其产量、品质和经济效益。菠萝最适宜生长温度为 28～32℃,29～31℃生长最旺盛,10～14℃时生长缓慢,超过 35℃或低于 5℃时,新根、叶片和果实基本停止生长发育。温度稳定在 14℃以上时,菠萝才能正常生长,故 14℃是菠萝正常生长的临界温度。

菠萝根系对温度反应比较敏感,15℃以上开始生长。当气温降至 5℃以下,菠萝会发生寒害,持续 1 天以上,叶片干枯变黄,表层根系死亡,菠萝果皮局部变黑,因此,5℃是菠萝受寒害的临界温度;当气温降至 0℃以下,只要持续时间达 1 天以上,就会造成菠萝心叶腐烂,根系冻死,果实萎缩;气温降至 -2℃以下时,菠萝整株几乎死亡。华南地区,冬季常有周期性低温冷害,如果日平均气温低于 8℃持续 3 天以上,且伴随风雨,则菠萝烂心较多。气温过高也不利于菠萝植株生长和果实发育,当叶面温度达到 40℃时,植株生长受抑制,向阳面叶片被灼伤,如遇持续高温,植株枯死。同一地区同一菠萝品种,夏秋季节成熟的果实含糖量高,冬春季成熟的果实含酸量高。

1.2.2　土壤

菠萝对土壤类型范围适应广,一般由花岗岩、石灰岩、玄武岩、第四纪红土发育而成的红壤、黄壤、砖红壤等土壤类型均可种植。

菠萝是草本植物,具有浅根性和好气性,适宜种植在疏松肥沃、土层深厚、有机质含量高、结构和排水良好的土壤,对应的土壤理化形状为 pH 4.5～5.5、有机质 15～20 克/千克,全氮 0.8～1.0 克/千克,有效磷 5～10 毫克/千克,速效钾 50～100 毫克/千克。土壤过黏或过沙、碱性(pH 7.5 以上)和强酸性(pH 4 以下)土壤均不适宜种植菠萝。一般选择土质疏松、通气良好、肥力较高的红壤、黄壤种植菠萝,菠萝根系生长旺盛,植株健壮,果实较大,果肉致密,果皮鲜艳,商品性高。在土层较浅,薄心土已经风化的砖红壤上种植菠萝,菠萝生长较差,难以获得高产;在地力瘠薄、保水保肥能力差的粗沙土和砾质土上种植菠萝,易受水分胁迫,叶片发黄且瘦薄,生长势弱,果实小,商品性差;在排水不良、通透性差的重黏土上种植菠萝,植株生长不良,易发生菠萝根腐病和凋萎病。菠萝种植对土壤条件要求并不高,只要排水、通气良好,石灰含量低的土壤,菠萝均可生长。

我国菠萝种植区主要分布在北回归线以南及右江河谷地区,土壤类型主要有砖红壤、赤红壤、红壤以及酸性石灰岩土等。不同土壤类型酸碱度(pH)及主要养分含量,见表 1-5。

表 1-5　不同类型土壤酸碱度(pH)及主要养分含量

土壤类型	pH	有机质/(克/千克)	全氮/(克/千克)
砖红壤	3.85～5.45	7.90～24.10	0.42～0.89
赤红壤	3.92～5.85	8.60～25.25	0.45～0.93
红壤	3.95～6.15	8.86～25.78	0.48～1.05

土壤类型	全磷/(克/千克)	全钾/(克/千克)
砖红壤	0.14～0.68	4.60～11.80
赤红壤	0.19～0.72	5.70～12.10
红壤	0.19～0.78	5.58～13.24

1.2.3　水分

菠萝叶片形态结构及生理代谢途径可以高效利用水分,因而相对耐旱。但菠萝正常生长发育仍需一定的水分供应,旱季不能有效灌溉是造成菠萝低产低效的主要原因之一。若降雨少,又没有及时补充灌溉,土壤有效水分耗尽后,植株就会动用叶片和茎中贮水组织中的水分,水分越来越少,叶片逐渐失绿,卷曲,光合作用越来越弱,最后萎蔫而死。若降水量过大,土壤排水不良,植株会因积水而缺氧,根系腐烂,影响菠萝生长,也会造成菠萝植株致死。一般年降水量1 200~2 000毫米,月平均降水量不少于100毫米时且分布较均匀的地区,菠萝生长最好。月降水量低于50毫米时,会出现水分不足,需补充灌溉。

我国菠萝产区雨量充沛,年降水量多在1 400毫米以上,大部分集中在4—10月,雨量分布不均,旱季难以满足菠萝对水分的需求。以广东省徐闻县菠萝主产区为例,年平均降水量为1 617毫米,其中,6—10月降水量占全年降水量的77.3%,雨、旱季明显。雨季降雨量多,强度大,菠萝园应注意防涝排水,避免积水烂根和菠萝心腐病的发生;旱季降水量少,影响菠萝花芽分化、抽蕾、果实发育和芽苗生长,应适当补充水分。轻微缺水时,菠萝植株可通过降低蒸腾强度、减缓呼吸和节约叶片组织贮存水分等方式进行一定程度的自我调节;严重缺水时,叶片失绿,变黄、变红,若不及时灌溉,叶片则会干枯。

1.2.4　光照

菠萝原是热带雨林下的植物,耐阴,喜漫射光,忌直射光。但经过长期人工驯化栽培后,菠萝植株对光照的要求较高,光照已成为影响菠萝生长发育和产量品质的重要因子之一。光照充足,光合作用强,碳水化合物积累多,植株生长旺盛,果实大,含糖量高,品质好;反之光照不足,则光合作用弱,植株生长缓慢,结果小,果实含糖量低,风味差。在光照过强,且高温\干旱的情况下,叶片和果实容易被灼伤,叶片失绿呈红色,果实向阳面发生日灼病,生产上可通过合理密植或与其他作物间作减轻强光对叶绿素的破坏,保持叶片青绿。在越冬期,充足的光照有利于保证叶片充分的光合作用和碳水化合物积累,从而增强菠萝植株的抗寒性。

1.2.5　风

菠萝生长高度相对较低,风对菠萝生长影响较小。3 级以下微风,可以改善透气性,促进二氧化碳等气体交换,有利于菠萝的呼吸作用,同时调节菠萝园温度,改善园地小气候,促进养分吸收和矿质营养的运输。遇到大风或者强台风,风力过大,则会吹倒植株、扭伤或擦伤叶片,影响植株正常生长发育,造成的伤口会增加心腐病的发生。冬季气温较低时,冷风、冷雨会造成菠萝烂心等伤害。

1.2.6　菠萝的大小、品质与气象因子相互关系的研究

菠萝的原产地虽在南美洲热带雨林地区,但却是喜光植物,光照越充足,菠萝的个头越大,品质越好(表 1-6)。以雷州半岛为例,越往南,栽植菠萝越容易获得高产,且菠萝的品质越好,1—7月,菠萝的风味和品质一个月比一个月的好,在 7 月达到高峰。它与日照时数和月均气温具有较好的一致性。

基于对多年气候特点的认识,大部分农户选择在第 1 年的9—10月种植,第 2 年的 7—8 月催花,在第 3 年的 5 月前销售,依次操作,尽管菠萝市场价格较高,但菠萝的风味和品质却不是最佳的(表 1-7)。

表 1-6　2008—2010 年月月照时数分析

月份	月日照时数				月平均气温/℃			
	2008 年	2009 年	2010 年	3 年平均值	2008 年	2009 年	2010 年	3 年平均值
1		192.9	25.7	109.3	15.53	13.80	16.60	15.31
2		140	64.8	102.4	11.53	21.00	18.20	16.91
3		66.7	103.2	84.95	19.37	20.40	20.20	19.99
4		78.2	53.4	65.8	24.23	22.80	22.30	23.11
5	165.3	156.4	209	176.9	26.00	25.50	27.20	26.23
6	112.6	188.2	166.6	155.8	27.10	28.20	28.20	27.83
7	233.8	236.2	291.6	253.8667	28.10	28.60	29.10	28.60
8	219.6	224.1	219.3	221	27.80	28.40	27.70	27.97
9	208.5	200.7	205.3	204.8333	27.60	27.80	27.40	27.60
10	170.5	196.4	181.6	182.8333	25.60	25.40	23.80	24.93
11	202.4	189.3	187.5	193.0667	20.80	19.70	20.70	20.40
12	165.3	112.6	170.4	149.4333	16.90	17.60	17.80	17.43

表 1-7 2008—2010 年有效积温分析　　　　　　℃

月份	有效积温			
	2008 年	2009 年	2010 年	平均
1	466	414	498	459.33
2	346	630	546	507.33
3	581	612	606	599.67
4	727	684	669	693.33
5	780	765	816	787
6	813	846	846	835
7	843	858	873	858
8	834	852	831	839
9	828	834	822	828
10	768	762	714	748
11	624	591	621	612
12	507	528	534	523
总和	8 117	8 376	8 376	8 289.667

1—7 月,随着气温的升高,菠萝的可溶性糖含量和糖、酸比逐步升高,在 6 月达到顶峰值,表明菠萝的风味品质随着温度的升高而升高(表 1-8)。

试验材料为卡因菠萝 6 个不同成熟度果实:一二成熟、三四成熟、五六成熟、七八成熟、九十成熟和过熟。于 2013 年 4 月采自南亚热带作物研究所植物营养试验基地。研究表明,超过八成熟,菠萝的品质不升反降,因此,要想消费高品质菠萝,推荐食用六七成熟菠萝(表 1-9)。

表 1-8　不同月份成熟菠萝（巴厘）品质分析

月份	可滴定酸含量/%	可溶性糖含量/%	可溶性固形物/%	糖酸比	固酸比	维生素 C 含量/（毫克/千克）
1	0.98±0.02	15.72±0.05	—	16.03±0.32	—	396.39±12.74
2	0.62±0.06	8.56±0.56	8.89±0.74	13.88±0.78	14.38±0.91	270.35±26.44
3	0.83±0.01	12.58±0.64	9.93±0.26	15.17±0.61	11.99±0.25	407.09±5.99
4	0.57±0.00	12.24±0.57	13.58±0.97	21.49±0.92	23.82±1.59	398.74±4.21
5	0.57±0.01	16.96±0.32	17.80±0.07	29.89±0.62	31.19±0.32	89.76±5.31
6	0.56±0.00	16.96±0.32	17.70±0.07	30.34±0.62	31.66±0.16	89.76±5.31
7	0.49±0.01	16.31±0.17	17.45±0.26	33.35±0.76	35.69±1.02	73.12±3.80
8	0.54±0.03	9.91±0.43	13.00±0.24	18.51±1.59	24.15±1.28	128.74±0.87
9	0.48±0.02	11.26±0.45	14.80±0.32	23.90±1.84	31.76±1.80	161.59±4.17
11	0.92±0.02	10.10±0.04	15.74±0.12	10.98±0.19	17.11±0.24	388.84±6.67
12	0.87±0.02	16.14±0.15	—	18.61±0.38	—	294.14±12.91

表 1-9 不同成熟度菠萝品质变化情况

处理	可溶性糖/%	维生素含量/(毫克/千克)	可滴定酸/%	糖、酸比
一二成熟	(16.54±0.68)b	(133.96±2.86)c	(0.73±0.02)b	22.59
三四成熟	(16.15±0.19)b	(118.38±1.08)d	(0.74±0.05)b	21.71
五六成熟	(16.22±0.65)b	(172.59±1.08)b	(0.95±0.05)a	17.05
七八成熟	(17.76±0.64)a	(178.11±0)a	(0.91±0.05)a	19.58
九十成熟	(14.88±0.23)c	(134.82±2.14)c	(0.59±0.08)c	25.09
过熟	(14.46±0.05)c	(96.47±1.86)e	(0.80±0.08)b	18.15

1.2.7 我国菠萝种植区气象灾害

我国菠萝种植区分布在热带、南亚热带地区,属季风性气候,低温、霜冻是限制菠萝北限分布、影响植株生长和果实产量品质的重要因素。而霜冻、阴雨易造成菠萝叶片受害和心部腐烂,植株生长受阻甚至死亡,从而严重减产。霜冻、寒害程度除与低温程度及低温持续时间有关外,还与菠萝品种的抗寒性,植株长势、园地环境和抗旱措施等有关。无刺卡因品种比巴厘品种耐寒性强。

1.2.7.1 冻害

当空气温度突然下降,地表温度骤降至0℃以下,如近地面空气中的水汽达到饱和,水汽会直接在植株表面凝华形成白色的霜,使植株受到损害;如空气中的水汽含量少,植株表面没结霜,植株体内细胞仍会脱水结冰,使植株遭受危害。遭受霜冻危害后,菠萝叶片失去膨压很快变白、干枯,部分器官组织受冻坏死,植株逐渐干枯死亡。

1.2.7.2 寒害

当气温下降至菠萝生长发育的下限温度5℃以下,但又在0℃以上时,虽然植株细胞内没有结冰,但生理活动会受阻,某些器官和组织也会受到伤害。菠萝在1—2月日平均气温8℃以下,且持续3天以上,持续积寒大于10℃就会产生寒害。

寒害可分为干冷型寒害和湿冷型寒害。干冷型寒害是由西伯利亚干燥冷空气侵入华南上空所致,使叶尖或是叶片干枯;而湿冷型寒害是北方冷空气入侵华南与亚热带暖湿气流相遇,出现长时间的低温、阴雨天气,使叶片褪绿,植株烂心,花蕾不能抽出。干冷型寒害比较常见,而湿冷型寒害对菠萝的危害最大。

1.3 我国菠萝种植优势区域布局

我国菠萝主产区的气温一般为12～37℃，年平均气温23℃；年降水量1 200～2 000毫米，平均1 400毫米以上；大于或等于10℃的年有效积温6 500～8 300℃；日照时数为1 600～2 250小时，冬季无霜或有轻霜。

经过数十年的发展，目前，我国已经基本形成菠萝种植四大优势区，分别为海南——雷州半岛菠萝优势区、桂南菠萝优势区、粤东——闽南菠萝优势区和滇西南菠萝优势区。以巴厘菠萝为主的春、夏季鲜果主产区，包括雷州半岛南部和海南岛东南部、东部和北部等地；以无刺卡因菠萝为主的秋季鲜果主产区，包括粤东、闽南、桂南和滇西南等地。菠萝种植优势区，一般应具有一定的栽培历史，良好的生产基础和较成熟的管理措施。生产、运输、销售、加工产业链相对完整健全，优势区内菠萝产销量在全国菠萝总产销量中占有重要比例，菠萝为当地农村的重要经济支柱之一。

1.3.1 海南——雷州半岛菠萝优势区

该优势区为我国菠萝种植的最适宜区，包括广东省湛江市的徐闻、雷州、遂溪和麻章等4个县(市、区)，以及海南省的万宁、琼海、文昌、澄迈、定安、屯昌和琼山等7个县(市、区)。该区没有寒害，自然气候条件优越，菠萝植株长势强健，果实大，品质优，充分表现出各品种的优良特性，丰产稳产。菠萝一年四季均可定植和收获，鲜食与加工型品种皆宜。目前，雷州半岛和海南岛已形成了中国最大的菠萝鲜果生产基地。

1.3.2 滇西南菠萝优势区

该优势区包括云南省红河哈尼族彝族自治州的红河、河口、金平和元阳4个(自治)县，玉溪市的元江，西双版纳傣族自治州的景洪和勐腊两县(市)以及德宏傣族景颇族自治州的瑞丽和芒市。该区属南亚热带山地、河谷气候,光照充足,昼夜温差较大,菠萝果实风味好,品质佳。菠萝种植和加工均有一定基础,发展空间仍较大。但局部地区菠萝易遭受寒害,单产较低,且由于交通条件不便,菠萝运输成本较高。

1.3.3　桂南菠萝优势区

该优势区包括广西壮族自治区南宁市的邕宁、良庆、西乡塘、隆安和武鸣等县(区),崇左市的扶绥、江州、宁明和龙州等县(区),钦州市的浦北、灵山、钦北和钦南等县(区),北海市的合浦和银海等县(区),玉林市的博白县,以及防城港市的防城和东兴等市(区)。该区地处南亚热带季风气候区,周年气温、光照条件良好,雨量充足,具备发展菠萝生产的适宜气候条件。菠萝加工企业多,运输、加工、销售产业链相对健全,菠萝发展空间大。部分种植区冬季有寒害,菠萝单产较低,总产量不高,不能满足当地加工厂对菠萝鲜果的需求。

1.3.4　粤东——闽南菠萝优势区

该优势区包括广东省揭阳市的惠来和普宁 2 个县(市),汕尾市的陆丰和海丰 2 个县(市),汕头市的潮阳和澄海两区以及潮州市的潮安和饶平 2 个县(市);福建省漳州市的龙海、漳浦、诏安和云霄 4 个县(市)。该区地处南亚热带海洋性季风气候,土壤肥沃,光照良好,雨热充足;发展菠萝产业历史悠久,基础良好;但人均耕地较少,菠萝种植多为小农户分散经营,劳动力成本较高。

第2章 菠萝生育周期

2.1 菠萝的生育周期

在一些极端天气下,如寒害、低温天气持续时间比较长(<10℃),低温天气超过 15 天以上,就会造成巴厘品种大面积自然成花,自然成花在 75% 以上,有些年份超过 95%。极端天气扰乱了菠萝正常的生长节奏,菠萝自然开花,营养生长的天数不足就会造成果实过小,失去商品价值,造成难以挽回的损失。在极端天气下,通常菠萝的生育周期不足 1 年,真正有商品价值的菠萝较少。

随着种植技术的发展,菠萝的催花实现了人工控制,在实际生产中,菠萝的生育周期受人的影响最大。在云南西双版纳,菠萝种植以卡因为主,菠萝的生长周期比较长,大部分为 3~5 年,种植 1 次,收获 2~4 次,然后重新种植,个别甚至达 5~10 年;而在雷州半岛菠萝种植以巴厘为主,商业化种植程度比较高,菠萝的生长周期比较短,大部为 1~2 年,种植 1 次,收获 1 次,种植成本高,只有极少部分超过 3 年。国际上通用的种植方法:菠萝种植 1 次,收获 2 次,时间 3 年,完成 1 个生育周期(图 2-1),然后重新种植。

正常情况下,菠萝种植后,历经营养生长 12 个月,1 年后开始催花,大概 1~2 个月后,菠萝开始现红,开花期大概 1 个月,经过 3~4 个月的生长,进入收获,收获期大概持续 1 个月,然后继续生长 6~7 个月,开始第 2 次催花,大概 1~2 个月后,菠萝开始现

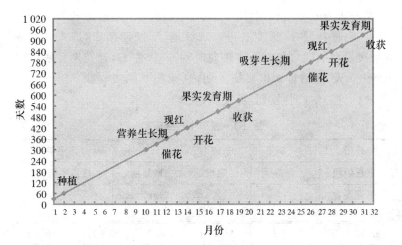

图 2-1　菠萝生育周期图

红,开花期大概 1 个月,经过 3~4 个月的生长,进行第 2 次采收,整个生长周期大概 960 天,接近 3 年。重新种植后,进入第 2 个生长周期。从节省成本和保护耕地的角度,菠萝的种植采用国际通用的种植方法比较合理。

　　菠萝的生育期可以分为营养生长期、花芽分化期、果实发育期和芽苗生长期 4 个阶段,每个阶段都有其本身的形态特征和对外界环境条件的适应性。从芽的生长到花芽分化前称为营养生长阶段;催花至现红为花芽分化期,现红到果实收获为果实发育期;果实收获后到菠萝苗采摘之前的一段时间为芽苗生长期。

　　根据 4 个阶段菠萝植株的生长发育特点,进一步细分为定植期、恢复期、缓慢生长期、旺盛生长期、催花期、现红期、小果期、大果期、收获期和芽苗生长期。以巴厘种菠萝为例,巴厘种从定植期到收获期一般需 18~19 个月,菠萝采摘后芽苗生长期为 5~6 个月,因此,整个生育周期为 24 个月左右。一般是每年的 8—9 月定植,20~30 天后菠萝恢复生长,进入缓慢生长期,距离定植后 200

天左右进入旺盛生长期,定植后 370～400 天,用乙烯利等化学药剂催花;催花后 30 天左右进入现红期,现红期结束,进入开花期(果实发育前期),此时距离催花时间 60 天左右,开花期一般持续15～20 天,随后进入果实膨大期,直到菠萝果实收获。雷州半岛菠萝(巴厘)生产物候期,见表 2-1。

表 2-1　菠萝生产物候期

月份	4—8 月	8—9 月	9—10 月	11 月至翌年 3 月
生长阶段	育苗	定植	恢复期	缓慢生长期
生理发育阶段			营养生长阶段	

月份	3—8 月	8—9 月	10 月至第 3 年 3 月	3—5 月
生长阶段	快速生长期	催花期	果实发育期	收获期
生理发育阶段		花芽分化阶段	果实发育阶段	

2.2　菠萝生育周期的特点

菠萝生育周期长短与菠萝品种、定植时间、种苗大小以及种植地气候条件等诸多因素有关。以菠萝营养生长阶段为例,从定植到自然抽蕾或人工催花需 6～18 个月。对于早熟品种,若用大吸芽苗(苗重 500 克以上),在当年春季(2—4 月)定植,当年秋冬季(9—11 月)催花,翌年 1—3 月即可收获;而对于迟熟品种,定植15～18 个月以后,才能自然抽蕾或人工催花。表 2-2 为菠萝各生长时期特征图解。

表 2-2　菠萝各生长时期特征图解

定植期	恢复期	缓慢生长期

定植当天，开沟撒肥，沟深为 8~10 厘米，以叶片数为 25 片以上的吸芽和裔芽作为种苗，尽可能保持种苗的一致性和整齐度，保证产量和品质。避免在阴雨天定植，否则容易烂根	新根不断萌发的时期，第 1 片新叶抽出约 2 厘米以后，标志着菠萝恢复正常生长，恢复期结束。在恢复期内，不需要给菠萝浇水和施肥。一般恢复期时间持续 20~30 天	第 1 片新叶抽出 2 厘米以后，标志着菠萝进入缓慢生长阶段，缓慢生长阶段，一般是季节性干旱期，持续 5~6 个月
旺盛生长期	现红期	小果期

叶片和株高开始快速生长，叶片伸长速度保持在 0.6~1.0 厘米/天，叶片宽度和长度增加幅度大，这个阶段持续 6 个月左右	植株中心叶片变细、短、聚合密集生长，且逐渐增阔，表示即将进入现红期，株心现红环说明正式进入现红期，现红期一般持续 1 个月	菠萝果实为聚花果，每朵小花发育成一个"小浆果"，俗称果眼，每个菠萝果实有 200 朵左右小花构成

续表 2-2

大果期	果实收获期	芽苗培育期

果柄生长,果眼逐渐膨大,冠芽生长,花叶退化	果实体积不再增大即进入果实收获期,一般依据销售计划决定果实的采摘期,菠萝处于七八成熟之前要采摘完毕,以便于储存和运输	种苗培育阶段,培育时间 3～6 个月

2.2.1 缓慢生长期

在缓慢生长期,菠萝根系萌发,逐步形成完整的根系结构,根系生长达到第一个高峰期,平均速率可达 16.36 毫克/天,对养分的吸收也逐步加快。及时施用苗肥,可促进菠萝叶片抽生及伸长,叶面积不断增加。随着生物量的提高,叶片光合作用加强,干物质积累量增大。在菠萝封行前,施重肥,以氮、磷为主,促进根系生长,提高养分和水分吸收能力,为旺盛生长期准备充足的养分。

2.2.2 旺盛生长期

菠萝植株抽生叶片数又多又快,叶片宽厚、挺拔,地上部分生长迅速,已封行,菠萝叶片间相互重叠,随着气温的不断升高,植株氮素累积量增加显著,其中,叶片氮素含量最高。干物质积累迅速,巴厘菠萝植株干物质基础含量可达 300 克/株。根系生长达到第 2 个高峰期,平均速率可达 39.03 毫克/天。

菠萝植株在营养生长期的长势状况直接影响产量的形成,从定植到旺盛生长期一般需要根际追肥 2～3 次,叶面喷施 3～4 次,促使菠萝根系和地上部又好又快生长,这是菠萝高产优质的基础。

2.2.3 现红期

菠萝自然花芽分化或人工催花后,约1个月,从株心茎尖开始出现花芽特有的淡红色,此时菠萝开始进入生殖生长阶段。随后,从株心逐渐抽出花蕾,花蕾上的小花经过40~60天的发育,陆续开花。小花数量与菠萝品种和植株长势是否健壮有关。同一品种,小花数量越多意味着果眼越多,果实越大,产量越高;巴厘种菠萝小花数较少,无刺卡因菠萝小花数较多。现红期根系所吸收的养分和叶片光合产物均全部储存在茎、叶中,茎中养分累积量最高。干物质基础的积累强度含量达到高峰,菠萝的裔芽、吸芽和块茎芽等各种芽苗相继抽生。催花时间越迟,菠萝从现红期到果实收获期持续的时间越长,这与催花后菠萝种植区温度有关。温度高,有利于乙烯利诱导植株产生内源激素,从而促进花芽分化;温度低,从催花到现红期需要时间长。

2.2.4 小果期和大果期

菠萝的果实为聚花肉质果,小花谢后,即开始果实的生长、膨大,此阶段对磷、钾的吸收较大,达到最高峰。在小果膨大期,植株上各种芽体大量抽生,植株干物质累积量达到400克/株。地上茎叶腋间的吸芽、果柄叶腋处的裔芽和果实顶端的冠芽均与果实争夺营养,限制了果实的膨大。此时,菠萝果实的营养需求特点是:磷、钾需求量高,氮需求量低;而芽体营养需求特点是:氮需求量高,磷、钾需求量低。研究表明当施氮量为300千克/公顷时,菠萝产量最高,继续增加施氮量,产量反而降低,可能就是促进了芽苗生长的缘故。果实发育期施肥上应注意减施氮肥,增施磷、钾肥。一般生产上应用0.5%~1%磷酸二氢钾溶液作为叶面肥喷施,促进果实对养分的竞争,同时有效抑制芽苗的抽生,保证果实膨大,丰产稳产。如果芽苗数量过多,可适量进行人工摘除,在保证下一季定植的基础上,最大限度地提高产量。

2.2.5　果实收获期和芽苗培育期

小花凋谢后,小果逐步充实膨大,此时菠萝对钙、镁养分的吸收达到最高峰。叶片中氮、钾含量逐步升高,以维持较强的光合作用;而茎中的各种养分逐渐向果实和芽体转移。茎、叶中氮素含量相当。此时植株的干物质基础的累积量达到约 500 克/株。菠萝果实成熟后,要及时采收,过熟不利于储存和运输。果实收获后,仍需继续施肥,促进芽体迅速生长壮大,为下一季菠萝的定植奠定基础。

2.3　菠萝生长周期的果实大小和品质比较

以巴厘品种为例,新开垦种植菠萝,第 1 个生长周期(18 个月),菠萝果实大,平均单果重均达到商品果等级,且施肥显著增加菠萝单果重;第 2 个生长周期(12 个月),菠萝单果重显著下降,由于第 2 个生长周期未施肥,施肥效应下降明显;第 3 个生长周期(12 个月),菠萝单果重相较第 2 个生长周期有所回升,但仍显著低于第 1 个生长周期菠萝单果重,且施肥与不施肥间单果重接近。结果表明,自然生长状态下的菠萝生长也存在大小年的交替,即使施肥也不能改变这一生长规律,第 1 个生长周期的施肥效应只能延续到第 2 个生长周期,第 3 个生长周期菠萝的单果重接近(表 2-3)。

表 2-3　菠萝不同生长周期果实重量比较分析　　　　　克

处理	年份		
	2011	2012	2013
不施肥	$1\,011.00\pm22.03$	490.69 ± 16.05	825.00 ± 32.24
$N_2P_0K_2$	$1\,180.29\pm24.75$	561.31 ± 18.12	813.96 ± 34.58
$N_2P_1K_2$	$1\,207.93\pm20.17$	508.86 ± 17.23	875.58 ± 30.59
$N_2P_2K_2$	$1\,204.89\pm19.65$	550.44 ± 14.95	778.52 ± 37.64
$N_2P_3K_2$	$1\,136.57\pm26.52$	567.50 ± 17.61	818.21 ± 31.59

自然生长状态下的菠萝,随着生长周期的持续,可滴定酸的含量呈升高的趋势,而可溶性糖呈下降的趋势,表明菠萝的风味呈下降的趋势。而施肥改变了可溶性糖的分布,可溶性糖呈纺锤形分布,即第 1 个生长周期和第 3 个生长周期可溶性糖含量低,而第 2 个生长周期的可溶性糖含量最高(表 2-4)。

表 2-4　菠萝不同生长周期果品质比较分析

处理	可滴定酸/(克/千克)		
	2011 年	2012 年	2013 年
不施肥	7.66 ± 0.40	9.38 ± 0.77	9.99 ± 1.10
$N_2 P_0 K_2$	8.26 ± 1.13	8.45 ± 0.23	9.59 ± 0.85
$N_2 P_1 K_2$	9.17 ± 1.06	8.06 ± 0.43	11.05 ± 1.03
$N_2 P_2 K_2$	7.05 ± 0.36	9.07 ± 0.18	9.27 ± 0.54
$N_2 P_3 K_2$	6.66 ± 0.32	7.97 ± 0.41	8.21 ± 0.80
处理	可溶性糖/%		
	2011 年	2012 年	2013 年
不施肥	19.24 ± 0.47	18.96 ± 0.45	17.13 ± 0.40
$N_2 P_0 K_2$	16.61 ± 0.61	19.07 ± 0.63	16.33 ± 0.85
$N_2 P_1 K_2$	17.87 ± 0.35	18.55 ± 0.29	17.72 ± 0.44
$N_2 P_2 K_2$	15.69 ± 0.32	18.15 ± 0.84	17.42 ± 0.71
$N_2 P_3 K_2$	15.37 ± 0.57	18.55 ± 0.33	17.48 ± 0.31

　　自然生长状态下(不施肥处理),菠萝果实的维生素 C 含量随着生长周期的延长呈现先下降后上升的趋势,而糖、酸比呈下降趋势。而施肥未改变维生素 C 含量的变化趋势,改变了糖、酸比的分布趋势,导致糖、酸比的变化呈纺锤形分布,即第 1 个生长周期和第 3 个生长周期可溶性糖含量低,而第 2 个生长周期的可溶性糖含量最高(表 2-5)。

表 2-5　菠萝不同生长周期果实品质比较分析

处理	维生素 C 含量/（克/千克）		
	2011 年	2012 年	2013 年
不施肥	135.75±5.66	122.32±4.76	143.28±8.52
$N_2P_0K_2$	157.04±14.49	82.71±6.67	91.55±14.34
$N_2P_1K_2$	129.53±19.92	96.12±13.25	119.03±12.74
$N_2P_2K_2$	103.32±7.45	96.51±5.70	123.69±17.48
$N_2P_3K_2$	117.16±3.89	69.40±2.55	87.05±19.43

处理	糖、酸比		
	2011 年	2012 年	2013 年
不施肥	25.11	20.22	17.14
$N_2P_0K_2$	20.10	22.56	17.03
$N_2P_1K_2$	19.49	23.02	16.03
$N_2P_2K_2$	22.25	20.01	18.80
$N_2P_3K_2$	23.06	23.28	21.29

第3章 菠萝需水、需肥规律

3.1 菠萝需水规律

菠萝是景天酸代谢植物(crassulacean acid metabolism，CAM)，在干旱的环境中能极大地提高水分利用率。菠萝叶片具备特有的贮水组织，能把水分贮藏起来，使它有很强的抗旱能力。在年降水量 500 毫米的半干旱地区至降水量 5 540 毫米的热带雨林地区，菠萝均能够正常生长发育。虽然菠萝是比较耐旱的植物，但在生长发育过程中仍需要适当的水分。

3.1.1 菠萝需水量及其时间变化

菠萝需水量是指菠萝生育期内，在适宜的土壤水分条件下所消耗的水分(土壤蒸发和植物蒸腾)。需水量是确定灌溉制度与田间水分管理的重要依据。

受传统观念和菠萝栽培水平的影响，我国在菠萝需水量方面的研究匮乏。已开展的菠萝需水量研究主要在美国夏威夷、巴西、日本、委内瑞拉、澳大利亚等地。

菠萝的需水量受其生理特征、气候条件、耕地质量、栽培技术等诸多因素的影响，在不同地区的需水量差异很大。总体来说，菠萝生育期内每月需要的降水量为 80~100 毫米，在年降水量小于 500 毫米的地区必须进行灌溉(Almeda 等，2002)。另有研究认为，让菠萝保持最大的生长速率的年降水量或者灌溉量为 600 毫米，且每个月均匀分布(Evans 等，2002；Hepton，2003；

University of Hawaii，2011）。美国夏威夷地区的研究结果表明，覆膜条件下（塑料薄膜或纸膜）菠萝的年需水量为450毫米，而有机物料覆盖下仅300毫米（Ekern，1964）。在巴西帕拉伊巴州热带湿润气候下，微喷灌菠萝种植后第140～481天，菠萝需水量为1 420毫米，参考作物蒸发蒸腾量为1 615毫米，作物系数平均为0.88±0.06（Azevedo等，2007）。在南美洲北部的委内瑞拉研究表明，菠萝的平均蒸腾速率雨季为2.3～2.5毫米/天，旱季为0.6～1.0毫米/天，生育期累积蒸发量为1 725毫米（San-José等，2007a）。

实践经验表明，最适合菠萝的生长年降水量为1 000～1 500毫米，也最适合商业化栽培。一般月平均降水量为100毫米时，能满足菠萝正常生长需要；少于50毫米，即出现水分不足，需要考虑喷淋灌溉。我国菠萝主产区年均降水量都在1 400毫米以上，但大部分分布在5—10月，能满足菠萝生长对水分的需要，10月以后降水量减少，进入旱季或月降水量少于50毫米时，农户适时开始灌溉和喷施叶面肥，以保证植株正常生长和果实发育。

综上所述，适当灌溉对促进菠萝生长是有利的，认为菠萝耐旱不需要灌水是错误的。在干旱季节"以水增果、增产、增收"是经济有效的办法。

菠萝叶片是反应土壤湿度和大气相对湿度的指示器官，当叶片贮存的水分少时，叶色逐渐由深绿变为浅绿或黄绿；水分再少时，叶膨压消失后，叶由浅黄色变为浅红色，叶缘向背面反卷。这时，若有水分供应，叶片恢复正常；假如长时间无雨，菠萝植株的叶片会从基部至心叶逐渐枯萎。雨水过多，土壤排水和通透性差时，菠萝根系也会因为长时间积水缺氧而造成腐烂。土壤含水量影响菠萝根系的生长发育。一般土壤含水量在10%～20%时，最适合根系的生长。土壤含水量过大，根系就大量死亡，甚至引发心腐病和茎腐病。如果淹水超过24小时，粗根就会全部死亡。如果土壤水分低于正常田间持水量时,则会抑制根系的正常生长。

3.1.2　菠萝需水规律及需水敏感期

菠萝需水规律是指菠萝不同生育期需水量及其阶段需水量占全生育期总量的比例。菠萝的需水敏感期主要是在花蕾抽生期、果实发育期及芽苗抽生期。

菠萝的需水量与其生育期和土壤水分含量密切相关,每天的需水量为 1.3~5.0 毫米(Py,1965)。在巴西的帕拉伊巴州开展了关于 *Pérola* 品种菠萝的水分需要量研究(Azevedo et al,2007),该研究用波文比法监测了菠萝从种植后第 140~481 天到收获期间的蒸发蒸腾量(表 3-1),结果显示日平均水分需要量为 (4.1±0.6)毫米(最高为 4.6 毫米/天,最低为 3.6 毫米/天),平均相对湿度为 94%。该研究作物系数较高,可能是在良好的灌溉条件下,由于频繁的喷灌湿润土壤和植物,使蒸发量较高所致。试验菠萝鲜果的产量为 79 995 千克/公顷,水分生产力为 5.6 千克/米^3。研究指出,菠萝植株夜间的利用水分较多,也有研究指出,菠萝的蒸发仅发生在白天。我国各菠萝主产区气候条件差异较大,水分需要量需要进一步开展深入研究。

表 3-1　灌溉条件下菠萝阶段蒸发蒸腾量及作物吸收

生育期	天数	作物蒸发蒸腾量/毫米		参考作物蒸发蒸腾量/毫米		作物系数 K_c
		日平均值	累积量	日平均值	累积量	
缓慢生长期	84	4.1±0.7	351.9	4.7±0.6	398.0	0.88±0.07
快速生长期	84	4.6±0.5	378.0	5.1±0.4	426.7	0.91±0.07
催化-现红期	69	4.3±0.6	303.6	5.0±0.4	347.3	0.88±0.09
果实发育期	74	3.8±0.3	281.2	4.4±0.3	323.2	0.87±0.05
果实成熟期	30	3.4±0.1	105.0	3.8±0.1	119.6	0.89±0.01
整个生育期	341	4.1±0.6	1 419.7	4.7±0.6	1 614.9	0.88±0.06

3.2 菠萝需肥规律

菠萝是典型的热带作物,生育周期较长,一般整个生长周期为2年,对肥料的需要量很大。菠萝的生育期可以分为营养生长期、花芽分化期、果实发育期和芽苗生长期等几个不同的阶段。各个阶段经历时间的长短,所遇到的气候环境及对养分的需求各不相同。了解和掌握菠萝养分吸收规律及施肥对菠萝产量和品质的影响等是菠萝进行合理施肥的关键。科学的水肥管理是菠萝高产、稳产、优质的重要保证。

3.2.1 菠萝养分吸收规律

3.2.1.1 不同生育期菠萝养分吸收的变化

菠萝不同生育阶段对养分元素吸收的比例变化反映出菠萝对各养分需求的敏感时期,这是菠萝合理施肥的重要依据,在菠萝的养分累积吸收的高峰期前重施肥料,就能基本满足菠萝对养分的需求,从而促进菠萝生长,这是菠萝获得高产优质的重要前提。

我国主要开展了对卡因、巴厘和菲律宾品种菠萝养分吸收规律的研究。根据研究结果,常规管理下,卡因菠萝定植后 $0\sim201$ 天植株生长缓慢,对肥料吸收量较少,定植后 $202\sim488$ 天开始大量吸收肥料,定植后 $489\sim564$ 天养分吸收累积减少,果实发育期($565\sim685$ 天)又有一个吸收累积高峰(表 3-2)。

表 3-2 卡因菠萝不同生长阶段氮、磷、钾养分吸收比例

生长阶段		各生育期养分吸收比例/%			N:P:K
生长天数	生育期	N	P	K	
$0\sim201$	缓慢生长期	9.8	9.2	12.6	1:0.9:1.3
$202\sim488$	快速生长期	46.3	46	51.5	1:1.0:1.1
$489\sim564$	催花-谢花期	20.5	12.7	10.5	1:0.6:0.5
$565\sim685$	果实发育期	23.4	32.1	25.4	1:1.4:1.1

在常规管理下,巴厘菠萝植株干物质和氮、磷、钾累积分为 4 个阶段:第 1 阶段,种植后 0～201 天,为缓慢累积阶段;第 2 个阶段,种植后 202～352 天,为快速累积阶段,此阶段干物质基础和氮、磷、钾累积量分别占收获时累积的 39.6%、50.8%、45.8%和54.6%;第 3 阶段,种植后 353～393 天,为累积最快阶段,此阶段干物质和氮、磷、钾累积量分别占收获时累积量 19.5%、20.2%、17.8%和12.3%;第 4 阶段,种植后 394～493 天,为缓慢累积阶段,此阶段干物质基础和磷,有一个显著累积,但氮、钾累积量已很少。

不同菠萝品种间的氮、磷、钾养分累积也存在一定的差异。从定植后至花芽分化初期,巴厘菠萝植株氮、磷、钾养分的累积量占收获期植株氮、磷、钾养分的累积量百分比要大于卡因菠萝;在花芽分化初期(或催花期)至见红期(或谢花期),巴厘菠萝植株氮、磷、钾养分的累积量占收获期植株氮、磷、钾养分的累积量百分比远大于卡因菠萝;在果实发育期,巴厘菠萝植株氮、钾基本上不在累积,磷仍然有 16%的累积,但此阶段卡因菠萝植株氮、磷、钾养分的累积量分别占收获期植株氮、磷、钾累积量的 27.7%、36.3%、24.8%;在收获期,卡因菠萝植株氮、磷、钾累积量比巴厘菠萝植株分别高 33%、54%、31%。

在哥斯达黎加开展的金菠萝(MD-2)养分吸收规律研究结果表明(表 3-3),在热带高温高湿气候条件下,金菠萝植株养分吸收规律分为 4 个阶段:第 1 阶段,种植后 0～98 天,为缓慢累积阶段;第 2 个阶段,种植后 98～287 天,为累积最快阶段,此阶段植株氮、磷、钾、钙、镁的吸收累积量均最大,植株生长迅速,养分需要量大;第 3 阶段(催花-现红期),种植后 287～336 天,此阶段植株氮、钾、钙和镁元素仍有吸收;第 4 阶段(果实发育期),种植后 336～434 天,为缓慢累积阶段,此阶段氮、磷、镁还有一个累积,但钾和钙元素累积量已减少,随着叶片生物量的减少,阶段累积量为负值。

表 3-3　金菠萝(MD-2)不同生育期养分吸收累积量　千克/亩

生长天数	生育期	N	P	K	Ca	Mg
0～98	缓慢生长期	5.84	0.64	12.05	2.21	1.05
98～287	快速生长期	31.93	1.63	34.95	14.49	6.36
287～336	催花-谢花期	18.42	1.29	3.01	8.89	5.46
336～434	果实发育期	11.00	1.47	—18.68	—0.03	2.39

　　管理方式对菠萝养分元素的吸收也存在影响。巴厘菠萝在常规管理和滴灌施肥条件下,各个生育期吸收养分比例情况,见表3-4。在巴厘菠萝的整个生育周期中,对钾的需求量最大,磷吸收量最小,氮居中。且滴灌水肥耦合条件下,各个生育期植株吸收钾素所占比例大于常规管理。常规管理条件下,氮、磷吸收累积量之比为1∶(0.06～0.09),旺盛生长期比例最大,开花期比例最小;氮、钾吸收累积量之比为1∶(2.32～2.44),旺盛生长期比例最大,开花期比例最小;滴灌条件下,氮、磷吸收累积量之比整个生育期基本维持在1∶(0.06～0.11),以果实发育期比例最大,氮、钾吸收累积量之比整个生育期基本维持在1∶(2～3)的范围内,以旺盛生长期比例最大。说明在旺盛生长初期,磷、钾的施肥比例要适当增加,而在小果期,则要适当加重氮肥的比例。

表 3-4　巴厘菠萝不同生育期氮、磷、钾养分吸收比例

处理	常规管理	滴灌施肥
旺盛生长期	1∶0.09∶2.44	1∶0.08∶3.21
催花期	1∶0.08∶2.42	1∶0.08∶2.40
开花期	1∶0.06∶2.32	1∶0.08∶2.66
果实发育期	1∶0.11∶2.33	1∶0.11∶2.65
收获期	1∶0.08∶2.38	1∶0.10∶2.40

菠萝植株生长的不同阶段,对养分的需求有所不同。从定植到催花前属于营养生长期,需肥应以氮肥为主,磷、钾肥为辅,目的是促进菠萝叶片抽生,增加叶片数和叶面积,为生殖生长打下基础。抽蕾后至果实成熟是生殖生长期,需肥以钾肥为主,氮、磷为辅。

3.2.1.2　不同菠萝品种植株养分吸收量

在不同栽培条件下,不同品种菠萝的养分吸收累积量存在差异,收获期整株菠萝的营养吸收量,见表 3-5。卡因菠萝单株养分吸收量明显高于巴厘、台农和金菠萝。在每亩分别种植 3 400 株卡因菠萝和 4 000 株巴厘菠萝的种植密度下,每亩养分吸收量也是前者大于后者。同一菠萝品种卡因,水肥耦合栽培条件下养分吸收累积量高于传统的管理,种植密度和水肥管理水平对植株养分吸收也存在影响。国家科技支撑计划项目课题"果树肥水一体化高效利用技术研究与示范"(2014BAD16B06)在广东省湛江市南亚热带作物研究所植物营养课题组基地开展的不同灌溉施肥模式试验研究结果显示,每亩金菠萝的养分吸收量为 N 15.97～36.92 千克、P_2O_5 5.47～8.09 千克、K_2O 87.69～166.86 千克。综合比较分析得出,每亩菠萝养分吸收量为 N 14.16～67.19 千克、P_2O_5 1.31～5.31 千克、K_2O 29.25～166.86 千克。其中以钾的吸收量最多,氮次之,磷最少。因此,菠萝既要注重氮肥的施用,更要注意增施钾肥。

3.2.2　菠萝施肥量

3.2.2.1　施肥量的确定

由于不同菠萝种植区的土壤、气候类型差异较大,品种、种植密度、耕作制度、收获产量等不同,因此,各地的施肥量及施用比例亦各不相同。例如,品种不同,需肥量也不一样,植株健壮高大、叶大叶厚的卡因类品种,需肥量大且较耐肥水,反之,植株生长中等、叶较小短的皇后类品种,需肥量较小。

表3-5　不同品种菠萝的养分吸收量

项目	品种	氮	磷	钾	钙	镁	备注
单株养分吸收量（克/株）	卡因1	5.54	0.60	11.24			3 400株/亩
	巴厘	3.54	0.33	7.31			4 000株/亩
	卡因2	6.53	1.77	15.07	6.20	0.64	3 000株/亩
	金菠萝1	5.01	0.99	11.25	4.49	0.44	3 000株/亩
	合农11号	4.35	0.73	11.02	3.30	0.34	3 000株/亩
	合农17号	5.01	0.99	11.25	4.49	0.44	3 000株/亩
每公顷养分吸收量（千克/亩）	卡因1	18.83	2.03	38.21			3 400株/亩
	巴厘	14.16	1.31	29.25			4 000株/亩
	"菲律宾"	17.54	3.79	34.53	8.47	0.92	3 500株/亩
	卡因2	19.58	5.31	45.21	18.61	1.93	3 000株/亩
	金菠萝	19.57	3.59	49.28	14.54	1.67	3 000株/亩
	合农11号	13.05	2.19	33.06	9.91	1.02	3 000株/亩
	合农17号	15.01	2.98	33.75	13.47	1.31	3 000株/亩

随着对菠萝植株养分分析数据的日益增多,菠萝植株养分吸收特性已逐渐为人们所认识。根据表 3-5 中的数据,每亩菠萝养分吸收量为 N 14.16～67.19 千克、P_2O_5 1.31～5.31 千克、K_2O 29.25～166.86 千克。氮肥当季利用率仅为 30%～40%,且容易通过淋溶、挥发等途径损失。磷肥当季利用率为 20% 左右,钾肥为 40% 左右,但磷、钾肥大部分养分会累积在土壤中,可供下一季作物使用。菠萝施肥量可以根据当地土壤肥力状况,在其养分吸收量的基础上做适当调整。要确定菠萝合理的施肥量和施用比例,需要通过当地多年的试验,结合当地土壤养分分析,才能获得比较切合实际、经济效益最佳的施肥方案。且氮、磷、钾的施用比例,在整个菠萝生长发育周期中并不是一成不变的,因此,必须根据菠萝在不同生长阶段对营养需求的差异来进行合理的调整。

为了确定菠萝主栽品种的施肥量,中国热带农业科学院南亚热带作物研究所 2009 年 9 月至 2011 年 6 月在广东省湛江市南亚热带作物研究所基地以巴厘和卡因品种为试验材料,开展的"3414"(试验设计施肥量,见表 3-6)试验,通过计算 3414 各处理下氮、磷、钾各因素水平主效应与各交互作用与产量间的关系,确定产量形成的主要因素,分析施肥量与产量之间关系,通过回归模型拟合出适宜的施肥量。

表 3-6　巴厘和卡因品种"3414"试验设计与肥料用量　　千克/公顷

处理	N	P_2O_5	K_2O	处理	N	P_2O_5	K_2O
$N_0 P_0 K_0$	0	0	0	$N_2 P_2 K_0$	400	100	0
$N_0 P_2 K_2$	0	100	500	$N_2 P_2 K_1$	400	100	250
$N_1 P_2 K_2$	250	100	500	$N_2 P_2 K_3$	400	100	800
$N_2 P_0 K_2$	400	0	500	$N_3 P_2 K_2$	600	100	500
$N_2 P_1 K_2$	400	50	500	$N_1 P_1 K_2$	250	50	500
$N_2 P_2 K_2$	400	100	500	$N_1 P_2 K_1$	250	100	250
$N_2 P_3 K_2$	400	200	500	$N_2 P_1 K_1$	400	50	250

试验结果表明,2个主栽品种对氮素均产生显著效应,在0~400千克/公顷的范围内,施氮素显著提高菠萝的产量(图3-1),超过400千克/公顷后,施氮素效应开始下降。

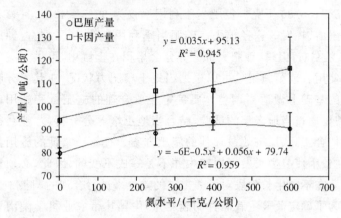

图 3-1　施氮水平下菠萝产量

2个主栽品种对磷素效应不显著,超过50千克/公顷,施磷素效应开始下降(图3-2)。

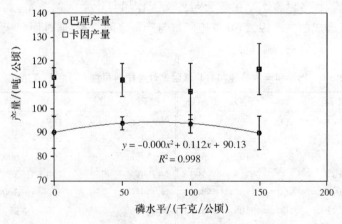

图 3-2　施磷水平下菠萝产量

2 个主栽品种对钾素效应显著,在 0～600 千克/公顷的范围内,施钾素显著提高菠萝的产量(图 3-3),超过 600 千克/公顷,施钾素效应开始下降(图 3-3)。

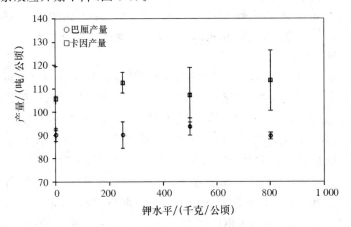

图 3-3　施钾水平下不同品种的菠萝产量

对各因素分析后可以发现,巴厘品种氮素主效应对产量有极显著的影响,卡因品种有区组效应和氮素主效应对产量均产生了极显著的影响(表 3-7)。

表 3-7　3414 试验因素效应分析

变异来源	df	巴厘产量 p	卡因产量 p
区组	2	0.243	0.001**
氮水平	3	0.002**	0.007**
磷水平	3	0.497	0.639
钾水平	3	0.221	0.429
氮水平×磷水平	1	0.989	0.958
氮水平×钾水平	1	0.921	0.181
磷水平×钾水平	1	0.676	0.189
氮水平×磷水平×钾水平	0		

巴厘的施肥与产量三元二次模型推荐的 N、P_2O_5、K_2O 分别为 448 千克/公顷、81 千克/公顷、594 千克/公顷，N：P_2O_5：K_2O 比例为 1：0.18：1.32，相应产量为 91.32 吨/公顷。卡因的施肥与产量三元二次模型推荐的 N、P_2O_5、K_2O 施用量分别为 414 千克/公顷、69 千克/公顷、796 千克/公顷，相应产量为 112 吨/公顷。

在雷州半岛，通过对卡因菠萝产量效应函数进行频率分析法寻优得出，卡因菠萝目标产量 105 吨/公顷，95% 置信区间的优化施肥量 N 281.27～436.48 千克/公顷、P_2O_5 64.03～121.69 千克/公顷、钾 K_2O 428.59～628.55 千克/公顷，N、P_2O_5、K_2O 的最优施肥量配比为 1：(0.15～0.43)：(0.98～2.23)。

研究得出施肥量明显低于农户传统施肥量，减肥空间大，优化施肥大有可为。根据广西、福建、广东各菠萝农场的经验，在菠萝施肥上，氮、磷、钾的施用比例大致是 3：1：2，每亩氮、磷、钾肥的施用量为（按纯量计）：N 35～60 千克、P_2O_5 14～40 千克、K_2O 13～40 千克，相当于每公顷施 N 525.0～900 千克、P_2O_5 210～600 千克、K_2O 195～600 千克。钾肥施用量普遍偏少，而美国夏威夷施用的比例为 2.5：1：4。因此，减肥和优化施肥在菠萝的生产栽培中具有广阔的应用前景。

3.2.2.2 施肥对菠萝产量和品质的影响

施肥量对菠萝植株生长、产量和果实品质有显著影响。施用氮、磷、钾肥卡因菠萝分别增产 15.5 吨/公顷、4.8 吨/公顷和 12.6 吨/公顷，增产率为 16.8%、4.5% 和 13.1%（表 3-8）。

在 P_2O 100 千克/公顷、K_2O 500 千克/公顷的基础上，施氮降低果实中维生素 C 和可滴定酸含量，增加了可溶性糖含量，而在 N 400 千克/公顷、P_2O 100 千克/公顷的基础上，施钾增加果实中维生素 C、可滴定酸和可溶性糖含量，施用磷肥对果实品质影响不大（表 3-9）。

表 3-8　不同氮、磷、钾水平卡因菠萝施肥效应

肥料类型	处理	产量/(吨/公顷)	增产量/(吨/公顷)	增产率/%
N	$N_0P_2K_2$	(91.9±7.4)b	—	—
	$N_1P_2K_2$	(103.4±9.2)ab	11.5	12.5
	$N_2P_2K_2$	(108.5±7.5)a	16.6	18.1
	$N_3P_2K_2$	(110.2±7.0)a	18.3	19.9
	平均	—	15.5	16.8
P_2O_5	$N_2P_0K_2$	(106.1±2.1)a	—	—
	$N_2P_1K_2$	(109.0±4.6)a	2.9	2.7
	$N_2P_2K_2$	(108.5±7.5)a	2.4	2.3
	$N_2P_3K_2$	(115.2±12.8)a	9.0	8.5
	平均	—	4.8	4.5
K_2O	$N_2P_2K_0$	(96.0±8.2)b	—	—
	$N_2P_2K_1$	(107.7±2.8)ab	11.7	12.2
	$N_2P_2K_2$	(108.5±7.5)a	12.6	13.1
	$N_2P_2K_3$	(109.4±5.7)a	13.4	14.0
	平均	—	12.6	13.1

表 3-9　不同施肥处理对菠萝品质的影响

肥料类型	处理	可溶性糖/%	维生素 C/(毫克/千克)	可滴定酸/%
N	$N_0P_2K_2$	(16.51±0.76)a	(60.4±5.7)a	(0.56±0.03)a
	$N_1P_2K_2$	(18.31±0.92)a	(53.2±8.8)a	(0.50±0.04)ab
	$N_2P_2K_2$	(18.59±0.85)a	(46.3±11.3)a	(0.51±0.04)ab
	$N_3P_2K_2$	(18.37±1.63)a	(46.8±6.9)a	(0.46±0.01)b
	$N_2P_0K_2$	(17.93±1.67)a	(44.8±10.7)a	(0.46±0.04)a

续表 3-9

肥料类型	处理	可溶性糖/%	维生素 C/(毫克/千克)	可滴定酸/%
P_2O_5	$N_2P_1K_2$	(17.01 ± 1.23)a	(52.9 ± 5.9)a	(0.53 ± 0.05)a
	$N_2P_2K_2$	(18.59 ± 0.85)a	(46.3 ± 11.3)a	(0.51 ± 0.04)a
	$N_2P_3K_2$	(17.86 ± 0.86)a	(37.0 ± 6.3)a	(0.44 ± 0.06)a
K_2O	$N_2P_2K_0$	(18.10 ± 0.81)a	(37.7 ± 5.0)b	(0.42 ± 0.06)b
	$N_2P_2K_1$	(19.06 ± 1.14)a	(46.2 ± 7.0)ab	(0.47 ± 0.05)ab
	$N_2P_2K_2$	(18.59 ± 0.85)a	(46.3 ± 11.3)ab	(0.51 ± 0.04)ab
	$N_2P_2K_3$	(19.42 ± 1.59)a	(53.3 ± 4.2)a	(0.55 ± 0.08)a

在广东雷州半岛对巴厘菠萝的研究结果表明,在保证磷、钾供应充足的基础上,随着施氮量的增加,菠萝产量呈先增加后减少的趋势,施氮量为 300 千克/公顷时,菠萝产量达 96.76 吨/公顷,显著高于空白对照,增产达 25.24%(表 3-10)。随着施氮量的增加,菠萝果实的可滴定酸和维生素 C 含量下降,但是 300 千克/公顷处理的可滴定酸、维生素 C 和可溶性糖含量与 150 千克/公顷、450 千克/公顷处理无显著差异。适量增施氮肥能提高巴厘菠萝采收时可溶性固形物和可溶性糖含量,降低维生素 C 含量,减缓贮藏期间果实可溶性固形物和可溶性糖含量的下降,提高果实可滴定酸、维生素 C 和可溶性蛋白的含量。菠萝每亩施氮 15 千克时,能有效改善果实的贮藏品质。

不同钾肥用量对菠萝产量和品质试验表明(表 3-11),在保证氮、磷供应充足的基础上,施钾肥可以提高菠萝产量,在氮、磷基础上配施钾肥可使菠萝平均单果重提高 1.99%～6.18%。施钾量为 800 千克/公顷时,产量高达 97.36 千克/公顷,比对照高出 6.18%,比 250 千克/公顷处理高出 4.79%,增产效果显著。菠萝果实的品质测试结果表明,随着施钾肥量的增加,可溶性糖含量呈增加趋势,而可滴定酸含量和糖、酸比相对稳定,表明施钾肥能提高菠萝的风味品质。

表 3-10 不同施用量对菠萝产量和品质的影响

处理	施肥量 /(千克/公顷)	单果重 /克	增幅 /%	产量 /(千克/公顷)	增幅 /%
N0	0	$(970.2 \pm 47.91)c$	—	$(77.26 \pm 1.52)a$	—
N1	150	$(1\ 108.30 \pm 53.67)b$	14.24	$(87.99 \pm 2.13)b$	13.89
N2	300	$(1\ 214.50 \pm 85.84)a$	25.18	$(96.76 \pm 2.16)a$	25.24
N3	450	$(1\ 089.60 \pm 59.58)b$	12.30	$(87.11 \pm 0.48)b$	12.75
N4	600	$(1\ 106.50 \pm 57.18)b$	14.05	$(88.24 \pm 1.05)b$	14.22

表 3-11 不同施钾量对菠萝产量的影响

处理	施肥量 /(千克/公顷)	单果重 /克	增幅 /%	产量 /(千克/公顷)	增幅 /%
K0	0	1 147.32	—	91.69c	—
K1	250	1 170.12	1.20%	93.52bc	1.99%
K2	500	1 202.27	3.26%	96.09ab	4.79%
K3	800	1 218.25	2.43%	97.36a	6.18%

3.2.3 菠萝需肥的关键时期

利用氮同位素评价菠萝利用肥料氮素的原理为稳定同位素稀释原理,植物通过吸收来自外界的无机氮素将明显改变自身 δ^{15} 氮值,可以通过同位素质量平衡方程计算植物总氮中来自肥料氮素的比例,菠萝植株的氮素来源主要有肥料氮素、土壤氮素、大气氮沉降、灌溉用水中的氮素等。研究表明,巴厘叶片全氮来自肥料氮素的比例随施氮量的增加而增加($p = 0.020$),在第 4 水平(600 千克/公顷)处理下,肥料氮素的贡献接近 100% 并有饱和趋势(图 3-4)。

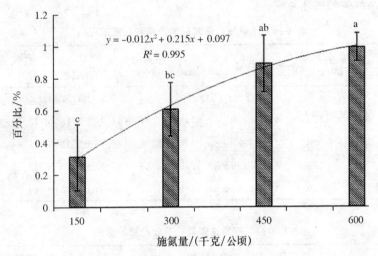

$$y = -0.012x^2 + 0.215x + 0.097$$
$$R^2 = 0.995$$

图 3-4　肥料氮素占巴厘叶片全氮比例

　　对于卡因品种而言,叶片全氮来自肥料氮素的比例也是随施N 量增加而增加($p = 0.028$),在第 3 水平(450 千克/公顷)处理下,肥料 N 素所占比例即达到 100%,第 4 水平(600 千克/公顷)处理下,肥料 N 素的贡献最高达到了 198.4%并仍有上升趋势(图3-5)。可见,施用氮肥在菠萝栽培中具有重要作用。

　　菠萝对矿质养分的需求量一般随着生长量的增大而增加,在生育周期中,前期对氮、磷需求量相对钾素多,中后期对钾素的需求量相对氮、磷多;各个生长发育期对养分的需要量,苗期比较少,果实形成期逐渐增大,到果实膨大期需求量达最大,接着有所下降,并稳定在一定水平上。①菠萝苗期需肥量少,吸收氮素量仅占整个生育期吸收量的 18%～20%,磷素 7%～8%,钾素 5%～6%,但苗期养分丰缺对产量的形成关系重大。②果实膨大期对氮素比较敏感,过量引起徒长,不利于果实发育膨大和有机物积累;

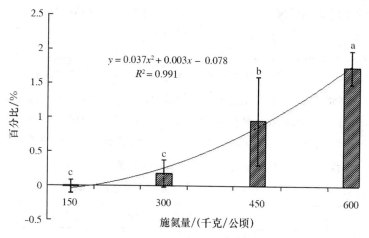

$$y = 0.037x^2 + 0.003x - 0.078$$
$$R^2 = 0.991$$

图 3-5　肥料氮素占卡因叶片全氮比例

不足则菠萝植株早衰,影响产量。

　　根据菠萝的需肥规律,施肥技术上要解决好苗初期和苗中、后期的养分供给、转折、衔接问题,促使植株生长健壮、发根多、伸长快、根系发达。解决好果实形成期大量的养分需求,促进果实生长;解决好果实膨大期对肥料需求量大,又不能徒长或脱肥而早衰的矛盾,确保有效增加果重。生长一般采用"施基肥、重苗肥、补果肥",氮、磷、钾配合的施肥原则。基肥占总施肥量的 10%～15%,苗肥(营养生长期)占 50%～60%,果肥占 15%～20%。

3.2.4　菠萝肥料种类及施肥方式

　　生产中施用的肥料主要有氮、磷、钾单质肥料、复合肥料、有机肥和叶面肥等。基肥一般选用有机肥、磷肥或复合肥等长效肥料,在开好定植沟(穴)后施入。追肥主要用尿素、复合肥以及叶面肥等。

　　不同种类肥料的效果存在一定的差异。与施用无机化肥(复合肥)相比,施用花生麸、鸡粪、水肥的"澳卡"品种菠萝抽生新叶片总数均有不同程度的提高,产量分别提高 29.8%、14.5% 和 4.5%(表 3-12),酸含量降低 0.26 克/100 克果汁、0.23 克/100 克果汁、0.08 克/100 克果汁,果实可溶性固形物含量提高不显著;初步探明肥料的效果依次为花生麸>鸡粪>水肥>复合肥,而且施用花生麸能提高菠萝叶绿素含量、根系活力,以及叶片和根系的可溶性糖、可溶性蛋白含量,并增强根和叶的 SOD 活性,同时增加了土壤相关酶活性和微生物数量,从而有效促进菠萝植株生长。

表 3-12　施用不同有机肥对菠萝产量的影响

处理	单果重/千克	产量/(千克/亩)	比 CK 增产/%
花生麸	1.48	2 220	29.8
鸡粪	1.31	1 965	14.9
水肥	1.19	1 785	4.5
复合肥(CK)	1.14	1 701	—

注:每亩种植 1 500 株菠萝

　　除大、中量元素肥料外,施用微量元素肥料对菠萝生长和产量也有一定影响。研究结果显示,叶面喷施镁、铁、锌对菠萝生长和产量有一定影响。与对照(喷清水)相比,喷施硫酸亚铁显著提高了菠萝叶片长度、宽度、叶片数及叶片中叶绿素含量,提高幅度分别为 9.1%、14.9%、15.9%、62.6%,显著提高了菠萝产量、单果重和商品果率,提高幅度分别为 11.8%、11.5%、7.7%(表 3-13);叶面喷施硫酸镁显著提高叶片叶绿素含量,但对菠萝叶片长度、宽度、叶片数和产量没有显著影响;叶面喷施硫酸锌对菠萝生产和产量都没有显著影响。

表 3-13 施用不同有机肥对菠萝产量的影响

处理	产量/(吨/公顷)	单果重/克	商品果率/%
处理 1(喷镁)	35.85b	900b	80.7b
处理 2(喷铁)	58.05a	970a	85.0a
处理 3(喷锌)	52.95b	880b	80.2b
处理 4(喷水)	51.90b	870b	78.9b

注:大于或等于 0.75 千克的菠萝果实记为商品果

　　肥料通过基肥和追肥施用。基肥一般在种植菠萝前通过沟施或穴施的方式进行。施足基肥不仅可以及时供应幼苗期的养分,还能起到调整土壤酸碱度,加速土壤微生物的繁殖,促进根系生长,改善土壤物理性能,增加团粒结构,使土壤疏松透水、透气良好。追肥分根际追施和根外追施 2 种,根际追施主要有以下 3 种方式:①将肥料撒施于菠萝根部附近土壤,之后淋水灌溉。②将肥料溶于水,用水管淋灌水肥。此方法方便快捷,目前被很多农户采用。③将肥料溶于水,用施肥枪将水肥注入菠萝根部土壤中。该方法能将肥料充分施入土壤,利于菠萝植株根系吸收,效果较好,台商果园广泛使用,但缺点较为费工、费时。根外追施即喷施叶面肥,多用于氮、钾肥、微肥等肥料的追施。

　　滴灌施肥技术能够实现大面积的自动化管理,降低劳动力成本,提高肥料利用效率,增产、增收。在广东徐闻县对巴厘菠萝开展的试验结果表明,与常规施肥相比,滴灌施肥能促进菠萝生长发育,对菠萝产量、商品品质以及经济效益的提高具有积极的影响(表 3-14)。滴灌施肥技术能够显著促进菠萝主要营养器官的生长,叶片数、叶面积指数、茎长、干物质累积量以及果实的膨大速度和果实大小等均显著高于常规施肥,滴灌施肥情况下,菠萝产量可达到 81 405 千克/公顷,增产 39.04%,商品品质大幅提高,商品果率为 95.73%,较常规施肥处理高 11.51%(表 3-14),且果实的内在品质未下降。氮、磷肥分别节省 42.84%、52.67%。

表 3-14　同施肥对菠萝产量的影响

处理	产量/ (吨/公顷)	商品果重/ (吨/公顷)	小果重/ (吨/公顷)	商品果率/%
CK	35.685c	12.459c	23.190a	35.00
常规施肥	58.545b	49.305b	9.240b	84.22
滴灌施肥	81.405a	77 925a	3.480c	95.73

第4章　菠萝抗旱性分析

水分参与了植物所有的生理、生化过程,是植物体的重要组成部分。在限制植物生长的各种环境因素中,以水分最为常见。在植物的生长过程中,只有土壤和空气中的水分高于植物各生育时期所要求的水分临界点,植物才能够顺利成长并完成其生育史。中国是大陆性季风气候,降水量和分布具有广泛时空变异性,干旱或季节性干旱频发,制约植物的正常生理活动,干旱已经成为全球范围内作物产量的主要限制因子,干旱对农业生产的威胁已经是一个世界性的问题。我国干旱、半干旱地区的面积占国土总面积的1/2,即使在非干旱的地区也经常出现降雨不均匀,遭受季节性或难以预测的不定期干旱的影响,造成各种作物大面积减产减收。严重的水分亏缺已成为我国农业和社会经济可持续发展面临的最大挑战。

植物的抗旱性是植物通过一定的抗旱方式在长期干旱胁迫状况下的生存能力。不同植物或同一植物的不同品种抗旱表现为外在和内在的生理、生化变化,并影响植物的生长发育。不同植物抗旱性机理各不相同,植物适应干旱的机理分为避旱性、御旱性和耐旱性3种不同方式。避旱性是指植物在严重的水分短缺以前能够完成其生活史,如一年生植物。御旱性指的是绝大多数高等植物,它们主要通过阻止水分损失或提高水分吸收来适应干旱。而耐旱性普遍发现于低等植物中,它们可使体内原生质暂时失水而来忍受干旱。这三种类型并不是孤立存在的,不同的抗旱方式在同一植物体上可以同时存在,或在不同部位同时出现。尽管菠萝是在热带雨林地区发现,兼具避旱性、御旱性和耐旱性的特点。在海南

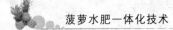

和云南栽培区,菠萝更多担任卫士的角色,上山下滩、水源缺乏、土壤瘠薄的地区都种植菠萝(图 4-1)。

图 4-1　海南省琼海市龙滚镇菠萝上山顶种植,具有很强的抗旱性和耐瘠薄性

菠萝抗旱性的方式是随着其所处的生长发育阶段、生理状态以及干旱胁迫的性质、强度的变化而变化的。干旱对植株形态的影响主要表现为株型紧凑,叶直立,根系发达,有较大的根冠比,叶片蜡质,角质层厚,气孔下陷等。干旱胁迫下,菠萝会调节自身的水分状况来维持一定的细胞膨压,当水分状况产生变化后,就会导致其他一系列生理、生化反应,从而影响植物正常的生命活动。因此,植物的生命活动在很大程度上取决于体内的水分状况。

4.1　根系特点

1.茎上的根原基产生不定根

Krauss(1948)将菠萝根系分为地下根系和腋生根,地下根系由茎的基部发育,在地下形成根系统;腋生根在地表以上由腋芽形成。地下根系统相对密集,通常延伸至地下 15～30 厘米。菠萝根系分布相对较浅,纵伸方向根系大多集中于 0～40 厘米土层中,尤其是离地表 40 厘米以内的土壤中,分布着 90% 以上的根系。其横向延伸范围也较窄,主要分布于 80 厘米以内的范围中。如果菠

萝的根系生长在深厚、疏松、肥沃的土壤,免受寄生生物侵害,向下
生长超过 50 厘米,横向延伸达 1.83 米,一年内的生长超过地面上
植株。菠萝植株具有强大的根系,这也是菠萝植株抗旱性的一个
重要特点。侧根吸收养分和水分,供给叶片养分。根系的主要吸
收面积是根尖的白色组织。若根尖没有白色组织,将不会生长活
跃,吸收水分就会无效,且可能根已死亡和被线虫侵害致死。

2.根系是植物直接吸收土壤水分的主要器官

干旱条件下,根的适应性变化主要是保证吸收尽可能多的土
壤水分,以满足自身及植株其他部位的需要,保持体内水分平衡。
根系的适应性变化表现在多方面,包括根系分布的广度和深度、根
长密度、根系活力、强吸收功能毛细根的多少、根冠比、根内水流动
垂直和横向阻力的变化。菠萝根系大、深、密是其抗旱作物的基本
特征,且耐旱品种比不耐旱品种有更好的根系穿透能力和分布深
度。对根冠关系与抗旱性的研究结果表明,较大的根冠比有利于
植物抗旱,但在干旱条件下,过分庞大的根系会影响地上部分的生
物学产量。菠萝根系抗旱大致有 3 种适应方式:一是根系分布深
而广。二是茎多汁,可作为一个贮水器官。三是根皮厚而且硬化,
以便贮水和防止水由根部丧失。

4.2　叶片特点

1.叶片具有抗旱的特点

叶是植物进行光合作用的器官,同时也是进行蒸腾作用的主
要器官。菠萝和其他凤梨科植物具有较强抗御水分胁迫一些结
构,叶片的位置和槽形结构,毛状体的存在,气孔位于叶片背面的
毛状体下沟里,这些特点提高了植株的抗旱性。叶片的生长对缺
水最为敏感,轻微的胁迫就会使其受到明显限制。叶的卷曲、萎

蔫、转动等变化以应对水分胁迫是一种适应性反应。这些变化都是可逆的,在一定干旱程度和持续时间内,一旦解除缺水,叶片又恢复常态,这对减少叶片吸收光能,控制强光下水分散失是很重要的。菠萝的叶片为了减少蒸腾,形成了与环境相适宜的结构。叶子长,相互覆盖,叶片较厚,具有厚的角质层和蜡质层,表皮常着生大量表皮毛,气孔密度增加,叶组织密,栅栏组织海绵组织比大等结构特征。长、多细胞毛状体在叶片下部(背面)的丰富,在叶片的上部较少。普遍认为毛状体吸收水分和营养液,且在气孔上面形成厚的覆盖物减少通过气孔水分损失。表皮覆蜡质,上表皮组织下是由大型薄壁细胞组成的贮水组织;也被银灰色,披蜡质毛状物,并有较密气孔($70\sim90$ 个/毫米^2)。这些结构使得卡因菠萝能够将根系吸收水分的 7%用作植物体的构成成分(Bartholomew,1982),而一般植物只能利用 0.5%以下,其余则通过蒸腾作用散失。植物气孔是植物体与外界环境进行二氧化碳和水等气体交换的主要通道,对植物的光合、呼吸、蒸腾等生理活动起着重要的调节作用。气孔在植物适应环境过程中起着关键性用。就气孔密度而言,澳大利亚卡因 > 台农 17 号 > 巴厘,叶片气孔密度大者抗旱性弱,叶片气孔密度小者抗旱性强。

2. 叶片具有收集雨水的特点

凤梨科独特的内部特性包括叶片是水分储藏组织,水分储藏组织是无色和半透明的。肉眼能够确定这一组织,叶片正面的横向部分为水分储藏组织,叶片背面是叶绿素叶肉组织。叶片截面两种组织的宽度随植株年龄和环境因素而变化。田间生长植株叶片中部截面的一半发展为储水组织,这一组织在水分胁迫升高时变窄,叶片的顶部和边缘缺少这一组织。叶片紧密围绕着茎螺旋性生长,整个叶片像漏斗,呈花环状,单片叶从叶尖至基部呈 U 形,这些生长特点有利于将雾水和雨水向基部汇聚。因此,菠萝的水分利用效率特别高。

3.叶片的厚度是反映菠萝是否缺水的简单指标

水分生理指标就成为测定其抗旱性的最基本的指标,土壤含水量、水势、蒸腾速率、叶片含水量和植物的抗旱性关系十分密切。含水量因菠萝品种、环境条件、年龄等的不同而有差异。干旱胁迫时,叶片含水量随土壤相对含水量降低而下降。水势是植物水分状况的一个重要指标,它与土壤——植物——大气循环系统中的水分运动规律密切相关。水势代表植物水分运动的能量水平,能反映植物在生长季节各种生理活动受环境水分条件的制约程度。植物的蒸腾作用是植物水分关系中起支配作用的一个过程,是植物体内水分以气态形式向外散失的过程,是许多因素相互作用的结果。蒸腾作用反映了水分在植物体内的运转状况,也影响着水分的利用效率。

4.3　光合作用的特点

1.干旱胁迫对植物光合作用的影响比较复杂,它会降低植物的光合速率,抑制光反应中的原初光能转换、电子传递、光合磷酸化和光合作用暗反应的过程

干旱胁迫对植物的光合作用的抑制是通过气孔抑制和非气孔抑制2个因素来实现。气孔抑制是指气孔导度的改变影响从大气向叶片扩散的能力。水分胁迫使叶表面气孔开度变小,气孔阻力升高,阻止进入体内,导致光合作用下降。非气孔抑制是光合器官的光合能力受到影响所致,主要表现为叶绿素含量、叶绿体形态、结构发生明显改变,叶片光合酶和活性下降,单位面积气孔密度增加,气孔扩散阻力增大,光合速率蒸腾速率下降。水分胁迫时,抑制叶片光合作用是气孔和非气孔共同作用的结果。电镜下观察发现,干旱胁迫直接影响光合系统的结构和活性,干旱胁迫下叶绿体膨胀,排列紊乱,基质片层模糊,基粒间连接松弛,类囊体片层解体,光合器官的超微结构遭到破坏。在干旱胁迫下,菠萝具有一定

的自我调节能力,轻度、中度干旱时,叶绿素含量无显著变化,在严重干旱下,叶绿素显著减少。

2.菠萝光合作用表现出抗旱性特点

菠萝叶片的碳吸收是通过景田科代谢途径,这一途径的基本特征是有机酸昼夜波动大,有机酸主要是苹果酸,且气体交换的方式反转,晚上固定二氧化碳为苹果酸,白天释放和还原成碳水化合物(Malezicux 等,2003)。气体交换方式的反转导致胞间二氧化碳浓度的改变。在夜间细胞中磷酸烯醇式丙酮酸(PEP)作为二氧化碳接受体,在 PEP 羧化酶催化下,形成草酰乙酸,再还原成苹果酸,并贮于液泡中;白天苹果酸则由液泡转入叶绿体中进行脱羧释放二氧化碳,再通过卡尔文循环转变成糖。菠萝叶片的绿色部分的有机酸特别是苹果酸有昼夜的变化,夜间积累,白天减少。淀粉则是由于夜间转变为二氧化碳接受体 PEP,含量减少;白天由于光合作用的积累,导致含量升高。日出后不久,苹果酸从液泡中转移到细胞质,脱羧产生 1 分子的二氧化碳和 1 分子的丙酮酸,胞间二氧化碳浓度开始升高,气孔迅速关闭。从清晨到正午前的时段里,通过正常的卡尔文循环或 C_3 光合作用,碳水化合物减少,释放的二氧化碳被固定。当苹果酸浓度下降时,晚间二氧化碳浓度也下降,然后气孔被打开。在剩余的午后时间段里,通过传统的 C_3 光合作用,吸收大气中的二氧化碳,晚间菠萝叶片气孔的正常开放取决于前一天的光照。

4.4 茎的特点

一般情况下,茎对干旱胁迫的反应与根反应状况紧密联系。菠萝的茎分地上茎与地下茎,茎上着生休眠芽,被螺旋状排列的叶片紧包,为养分储藏器官。茎的输导组织发达,抗旱能力强。茎肉质化,细胞内有胶体物质和结晶,黏液物质的存在增大了细胞的渗透势,有利于增强细胞的吸水能力。茎中除了具有光合作用的绿色组织以外,还发育储水的薄壁组织,茎中有发达的机械组织分布在维管柱的周围,对输导组织有保护功能,同时在维管柱中有发达的木纤维,抗强风。

4.5 不同品种抗旱能力分析

细胞膜是细胞与外界环境进行物质交换、能量传递和信息交流的界面,可有效地防御逆境引起的伤害,从而维持细胞结构的稳定性。原生质膜对干旱最敏感,而且干旱可引起膜伤害。这是由于生物自由基引起膜中不饱和脂肪酸过氧化,致使保护酶系统活性下降。干旱胁迫对细胞膜最直接、最明显的伤害表现在细胞膜透性增大,稳定性降低,细胞内水溶性物质的电解质外渗,导致水分代谢及物质代谢失常。

活性氧是指分子氧部分还原后的一系列比分子氧具有更活泼化学特性的反应物质,活性氧包括超氧阴离子自由基、过氧化氢、轻自由基、一氧化氮、超氧脂自由基等。正常情况下,植物体内活性氧和自由基的产生及其清除处于动态平衡,干旱胁迫打破平衡,缺水诱导气孔关闭,降低叶片光合速率,但其光合电子传递仍保持较高的速率,导致活性氧和自由基大量积累,引起细胞膜脂过氧化,造成细胞膜系统损伤,细胞功能紊乱,甚至死亡。

膜脂过氧化是干旱对植物细胞膜造成伤害的原初机制,而磷脂脱脂化反应则是继后发生,进一步导致膜的解体。植物受到干旱胁迫时,丙二醛迅速积累,使液泡内渗透势增加,致使水势降低来抵御干旱。一般来说,丙二醛含量增幅小的品种对干旱忍耐较强,增幅大的品种耐旱力较低,且它的含量随胁迫强度的增加及时间的延长而增加。

植物体内的抗氧化系统主要有酶保护系统和非酶保护系统两

大类,酶保护系统包括超氧化物歧化酶、过氧化物酶、过氧化氢酶、抗坏血酸过氧化物酶、谷胱甘肽还原酶等;非酶保护系统包括抗坏血酸、维生素、类胡萝卜素等。其主要功能是清除植物体内的活性氧和自由基,避免或减轻它们对植物造成的氧化伤害。

植物在受到逆境胁迫时,通过渗透调节降低水势,保持从外界继续吸水,维持细胞膨压。干旱胁迫条件下,参与渗透调节的物质主要有 2 类:一类是由外界进入植物细胞的无机离子扩散等;一类是在细胞内合成的有机溶质如脯氨酸、甜菜碱、可溶性糖、可溶性蛋白等。

不同的渗透调节物质对干旱的响应不同,抗旱性强的品种的渗透调节能力大于抗旱性弱的品种。脯氨酸是最重要和有效的有机渗透调节物质,无论干旱、高温、盐渍、病虫害等不良环境均会引起植物体内脯氨酸的累积,尤其在干旱逆境下累积最多,可比原始含量增加几十甚至几百倍,相对量可达到 30% 以上。植物体内的脯氨酸含量随干旱胁迫时间的延长而增加,且脯氨酸的积累还与作物的生育期有关。

干旱胁迫条件下,我们通过分析 10 份不同菠萝品种抗旱性发现,随着胁迫时间的延长,菠萝叶片含水量降低,分析丙二醛、过氧化物酶和脯氨酸等指标,得出 10 份不同菠萝品种抗旱性由强到弱依次为:MD$_2$>台农 17 号>无刺卡因>巴厘>台农 6 号>台农 19 号>巴厘突变体>台农 16 号>台农 13 号>珍珠。总体而言,杂交类抗旱性最强,其次为卡因类,最后为皇后类。这可能和各个品种的特性有关,各品种的特性分述如下。

1. 卡因类——无刺卡因

花序梗短而强壮,抗旱性强。从基部到顶部成熟,果肉脆、多汁,呈黄色。高酸、糖度变化大(13°~19°Brix)。抗坏血酸浓度低,吸芽数量少,对水果螟虫、螨虫、线虫、粉蚧凋萎病毒、串珠镰刀菌敏感,耐心腐病。

(1)果类特性　果较大,长圆筒形,平均果重 1.8~4.5 千克。

有短而强壮的花梗,不易裂果。小果大而扁平,苞片短宽而扁平,果眼较浅。成熟时果皮橙黄色,果肉淡黄色,低纤维多汁。果汁黄色芳香,可溶性固形物 14%～16%,高的可达 20% 以上,酸含量 0.5%～0.6%,香味稍淡。

(2)**植株特性**　植株高大健壮,叶片长,无刺或仅在叶片尖端叶缘有少许刺,叶肉厚,浓绿。叶面彩带明显,白粉比较少。冠芽和裔芽 1～2 个,萌发迟。它的生产周期比其他品种长,对许多病虫害敏感,但耐受疫霉,抗裂果,田间管理比较方便,对肥水要求较高。果实容易受烈日灼伤,不耐贮运。

2. 皇后类——巴厘

本品种比较抗旱,适应性强,高产稳产,较耐储运。

(1)**果类特性**　呈筒形或微圆锥形,平均果重 0.5～1 千克,少数重达 2.5 千克,早熟,小果细小呈锥状突起,果眼深。熟时果皮呈金黄色,果心小而嫩,果肉色泽金黄美观,爽脆而奇甜,汁多味美,香气浓郁优雅,Brix 糖度 14°～18°,可溶性固形物 12%～15%,酸含量 0.47%。果实比无刺卡因纤维少,香味更浓郁,保存期较长,鲜食,很少用于制罐。

(2)**植株特性**　植株矮小、密集而多刺,呈波浪形,刺细而密,排列整齐。叶两面被白粉,叶片中央有红色彩带,叶面呈黄绿色,叶背中线两侧有两条狗牙状粉线。每株有吸芽 2～4 个,花淡紫色。对猝死病菌敏感,易裂果,比无刺卡因类抗冷害和病害。吸芽抽生早,数量较多,芽位较低,故菠萝园经济收益年限较长。

3. 西班牙类(Spanish)

植株寿命长,成熟期较迟,耐高温和干旱。

(1)**果类特性**　果中等,稍圆,果重 0.9～2.7 千克,小果大而扁平,小果苞片基部呈大小不等瘤状突起,果眼深;熟时果皮橙红色,果心大,淡黄至金黄色果肉,果肉纤维较多,肉质较韧,果汁少,品质高,酸含量低,Brix 糖度 $10°\sim12°$,果汁质量高,香味较浓。果成熟时硬,易收获及运输,供制罐头和果汁。

（2）植株特性 植株大,叶片阔长,薄而软,叶色深绿,叶缘多尖而硬的红刺,有个别品种无刺或少刺的,常出现复冠,易生吸芽和茎芽,对线虫和土壤高锰含量敏感,对果腐病具很高抗性,但易受流胶病侵染,易发生褐变及裂果。成熟时果硬,收获时易剥落,耐贮运。

4. 阿巴卡西（Abacaxi）

为巴西广泛栽培的 Abacaxi 以及一些新品种,抗旱性差。

5. 迈普尔类（Maipure）

Leal 和 Soule 1977 年根据叶片光滑程度,增加第 5 个园艺类——迈普尔类 Maipure。Py 等 1984 年又将该类重新命名为佩罗莱拉类。果重 $0.9\sim1.6$ 千克,卵形到圆锥形,成熟时果柄中心绿色兼浅黄。果肉软、白、多汁,气味芬芳。高糖、高酸（糖度 $13°$ $\sim16°$）。植物中等大小,深绿色。叶尖和叶片直立度高,吸芽数量多,耐旱,耐凋萎粉蚧病和线虫,对 fusariose 敏感。

在等灌水量和等用肥量的基础上,开展的 5 个不同品种的菠萝滴灌施肥试验表明,卡因和金菠萝具有明显的生长优势,叶片数和植物鲜重明显地高于台农系列（黄金菠萝、金钻）,且卡因和金菠萝具有较大的根系量,表明卡因具有较强的耐旱性（表 4-1）。

表 4-1 同等条件下不同品种菠萝植株生长情况与耐旱性分析

品种	株高/厘米	D 叶长 /厘米	D 叶宽 /厘米	植株鲜 重/克	偏氮生产力 /千克
卡因	120.83a	99.33b	5.60a	5 296.67a	117.41
金菠萝	116.83a	107.58a	6.00a	5 655.00a	191.70
黄金菠萝	74.72c	69.21d	4.35c	1 662.28c	62.58
金钻	93.00b	80.83c	4.93b	3 981.67b	140.85

注:同列数据中不同字母表示处理间差异达 5% 显著水平。

通过分析同时种植的卡因和巴厘营养生长期的植株,发现卡因具有更长的根长、根表面积和根系量(图4-2,图4-3)。

图4-2　卡因的根系　　　　　图4-3　巴厘的根系

4.6　相同品种的菠萝对不同灌溉方式灌溉效率的分析

供试菠萝品种为金菠萝(MD-2),分析空白对照(不施肥＋不灌水,CK)、传统施肥(施肥＋不灌水,FP)、滴灌(DI)、滴灌(施肥,DF)、微喷带施肥(FF)和喷灌施肥(SF)。研究表明,施肥和灌水及水肥耦合显著提高了菠萝产量,其中以 DF 和 FF 的产量最高,增产率达50％以上。与 FP 相比,DI、DF、FF、SF 的产量分别增加9.33％、26.27％、23.11％和 6.72％,DF、FF、SF 的肥料贡献率分别增加16.31％、14.72％和 4.94％,农学效率增加 18.05 千克/千克、15.87 千克/千克 和 4.62 千克/千克。不同水肥耦合方式对菠萝产量的影响不同,DF 处理产量比 FF 和 SF 分别增加2.11吨/公顷和 13.03 吨/公顷,增幅为 2.57% 和 18.32%,肥料贡献率提高了 1.60% 和 11.38%。灌溉水利用率均达到 37 千克/米³ 以上。在滴灌条件下,施肥使灌溉水利用率提高了 5.88 千克/米³,增幅达 15.5%,水肥耦合灌溉施肥能提高灌溉水利用率。由此可见,品种的抗旱性与采取的节水灌溉方式密切相关(表 4-2)。

施肥和灌水能提高菠萝植株氮、磷和钾素的吸收量和养分吸收效率(表 4-3)。由表 4-3 可以看出,与 CK 处理相比,FP 处理显著提高了植株氮素吸收量,增幅为 56.75%;DI 处理植株氮素吸收量显著提高的同时,磷和钾素吸收量也显著提高,增幅分别为 33.16%、47.86% 和 60.58%。由以上分析可知,施肥对植株氮素吸收量提高幅度大于灌水,而对于磷和钾灌水则优于施肥,说明灌水是一项十分必要的管理措施。DF 处理植株氮和钾素吸收量较 CK 显著提高了 131.23% 和 90.27%,但磷吸收量较 DI 有降低的趋势,且 DF 处理植株氮和钾素吸收量均大于单施肥或纯灌水处理,说明滴灌肥水耦合可有效提高菠萝对氮和钾的吸收。

与 FP 处理相比,DF 和 FF 处理植株氮、磷和钾吸收效率显著提高,增幅范围分别为 31.76%～47.51%、32.81%～36.40% 和 58.61%～67.22%。

表 4-2　不同灌溉施肥处理对菠萝产量及水肥利用效率的影响

处理	产量 /(吨/公顷)	增产量 /(吨/公顷)	增产率/%	肥料贡献率/%	肥料偏生产力 /(千克/千克)	农学效率 /(千克/千克)	灌溉水利用率 /(千克/米³)
CK	(52.24±6.49)c	—	—	—	—	—	—
FP	(66.63±3.45)b	14.39	27.55	21.60	68.69	14.83	—
DI	(72.84±2.26)b	20.61	39.45	—	—	—	37.94
DF	(84.13±1.26)a	31.90	61.06	37.91	86.73	32.88	43.82
FF	(82.02±1.13)a	29.79	57.02	36.31	84.56	30.71	42.72
SF	(71.10±1.76)b	18.87	36.12	26.53	73.30	19.45	37.03

表 4-3　不同灌溉施肥处理对菠萝植株养分吸收利用率的影响

处理	养分吸收量/(千克/公顷)			养分吸收效率/%		
	N	P_2O_5	K_2O	N	P_2O_5	K_2O
CK	(239.49±20.91)d	(82.05±6.73)b	(1 315.40±141.66)c	—	—	—
FP	(375.42±44.80)bc	(83.84±14.80)b	(1 496.70.±191.17)c	(54.45±6.50)c	(46.05±8.13)b	(86.25±11.02)b
DI	(318.91±4.72)c	(121.31±26.00)a	(2 112.28±244.15)ab	—	—	—
DF	(553.79±26.76)a	(114.35±3.14)a	(2 502.86±500.55)a	(80.32±3.88)a	(62.81±1.73)a	(144.22±28.84)a
FF	(494.66±16.68)a	(111.34±16.15)a	(2 373.92±356.96)a	(71.74±2.42)ab	(61.16±8.87)a	(136.79±20.57)a
SF	(431.87±59.6)b	(113.65±12.35)a	(1 637.92±167.59)bc	(62.64±8.64)bc	(62.43±6.78)a	(94.38±9.66)b

第5章 菠萝节水与水肥一体化技术

我国幅员辽阔、人口众多,以占世界陆地面积的7%的土地,养育着约占世界22%的人口。虽然水资源总量比较丰富,单按人均和耕地面积分配,水资源数量却极为有限,因而存在水资源与人们生产、生活不能完全适应的矛盾。我国是世界上水资源极度缺乏的国家之一,人均水资源的占有量不及世界人均水平的1/4,排在世界的第109位。中国是13个贫水国之一,每年因干旱而损失的粮食达0.7亿~0.8亿吨,相当于年总产量的1/6。然而,我国农业又是用水大户,占全国用水量的70%,在水资源极度缺乏的情况下,农业用水的效率又相当低,浪费严重。据统计,我国农业灌溉水的利用率不到50%,仅为发达国家的1/2左右,1米^{3}水只能生产0.85千克的粮食,仅为以色列的1/5,远低于2千克以上的世界发达国家水平。这表明我国农业有着巨大的节水潜力。如果能把农业灌溉用水的利用率从目前的约50%提高到70%,则仅灌溉用水就可节水约900亿米^3,是我国每年灌区缺水量的3倍。由于热带、亚热带地区降水资源丰富,华南地区节水农业的发展一直没有得到足够的重视。虽然华南地区降水丰富,但是时空与季节分布严重不均,存在严重的季节性干旱问题。

雷州半岛是我国菠萝的优势产区,也是主产区,处于广东省西南部,湛江市中南部,东、南、西三面临海,南隔琼州海峡与海南岛相望。雷州半岛的面积为8 845千米^2,是我国三大半岛之一。属于北热带季风气候,年气温22.5~24.0℃,1月气温15.0~16.0℃,7月气温28.4~28.8℃,台风和热带风暴多。雷州半岛呈向西凸起的曲形南北向,属台地性半岛,地势缓和起伏,并且成龟背形,向三面倾斜,很难形成地形雨。雷州半岛河流短小,河流集雨面积不大,特别是西南部,建库蓄水困难,抗旱能力很差。雷州半岛30%以上地区,分布着第四季玄武岩,面积达3 668千米²,对降雨、地表水渗透极强。以雷州半岛的主要菠萝种植县徐闻县为例。徐闻县全年降水量1 413.2毫米,时空分布不均,雨、旱季交替明显。5月中旬至10月上旬为雨季,降水量10 161.0毫米,占全年的77.3%;10月中旬至翌年5月下旬为旱季,降水量429.0毫米,占全年的22.7%。而从10月到翌年5月下旬是上一年定植菠萝的旺盛生长期和果实发育期,需要大量的营养元素和充足的水分,降水量少影响了菠萝对养分的吸收,限制了菠萝的生长发育和产量的提高。此阶段也是新植菠萝的新根萌发的关键期,遇旱时需要灌溉,以促进新根萌发,加速植株生长。季节性干旱威胁大,如果不能充分灌水,在菠萝蒸腾量达到4.5毫米时,将造成土壤持水量减少超过100毫米;若持续21～28天未降雨而又无灌溉,则土壤耕层有效水分就可能耗尽,土壤含水量降低会影响土壤养分的活性,不利于菠萝植株的生长,进而影响产量的提高。

　　水资源短缺将会影响菠萝产业的健康、可持续发展。这一问题已引起越来越多农户的重视。发展和推广应用资源节约型农业节水技术也取得了广泛共识,政府、企业和种植大户正在主动采用的节水新技术,促进菠萝产业发展的更新换代。

5.1　节水农业的主要技术

　　农业节水技术主要有5个方面的发展,包括工程技术、生物技术、农艺技术、化学技术和管理技术。①工程节水措施包括输水工程、灌水工程、集水工程等。②生物节水措施是指通过遗传工程选育引进具有高水分生产率的抗旱节水品种。③农艺节水措施包括节水种植制度、抗旱育种技术、耕作保墒技术、水肥耦合调控技术和化学抗旱节水技术等。④化学节水技术包括化学覆盖技术、抗旱保水剂、抗蒸腾剂、生根剂、植物生长激素、抗旱种衣剂、土壤扩蓄增容生化材料等。⑤管理节水措施包括水资源优化调度,灌溉自动化控制,节水灌溉,节水种植价格杠杆,农户参与、产权与水价管理等。对这五大农业节水技术,现分别介绍如下,用户可有针对性地采用相应的技术应用。

5.1.1　节水灌溉工程措施

5.1.1.1　雨水蓄积技术

通过采取修建小型水库、水窖、防渗蓄水池、植物根部挖设浅坑等措施,可有效地将雨季的降雨蓄积起来,再与节水灌溉设施配套施用,将蓄积的雨水资源利用率发挥到极致。这样可以有效减少对地下水资源的开采,提高资源利用效率。雨水蓄积技术适用于地下水埋深、利用困难,同时降雨期相对集中地区,实现降雨时空转移利用,有效提高水资源利用效率,促进作物生长。

5.1.1.2　灌区改造技术

传统的灌区改造技术采用混凝土衬砌、浆砌石块衬砌、塑料薄膜防渗和混合材料防渗等技术,降低渠道床土壤的透水性,减少水分在运输途中的损失,提高水的输送效率。管道输水是在低压条件下运行的,一般工作压力不超过 0.2 兆帕,水进入田间后仍属于地面灌溉的范畴。

灌区改造新技术运用管道系统把水直接输送到田间对农田实施灌溉,避免水在输送过程中的蒸发与渗漏,水的有效利用率可达95%;减少渠道占地,提高输水速度,加快灌溉进度,缩短轮灌周期,有利于控制灌水量。

5.1.1.3　设施节水灌溉技术

设施节水灌溉技术包括喷灌、微灌、覆膜灌、移动式灌溉。这种灌溉技术既适宜于节水灌溉农业,又适宜于旱作集雨补灌节水农业,是田间节水灌溉发展的重点。

1. 喷灌

喷灌是利用专门的设备将水加压或利用水的自然落差将有压水通过压力管道送到田间,再经过喷头喷射到空中散成细小的水滴,均匀地散布在农田上,达到灌溉的目的。

喷灌的适应性强,既可以用于平原,也可应用于地形起伏中等、土壤透水性强、采用地面灌溉困难的地方。喷灌在多风的情况下,喷洒会不均匀,蒸发损失大。为充分发挥喷灌的节水增产、增效作用,应优先施用于经济价值高且连片种植、集中管理的作物。现阶段适合在全国大面积推广的主要有固定式、半固定式和移动式 3 种喷灌形式。喷灌在国外大型种植公司的菠萝生产中应用广泛,近年来我国也得到发展,徐闻县前山镇和下洋镇近千亩菠萝新品种示范基地采用了喷灌技术,菠萝生长势和产量均取得较理想效果。

2. 微灌

滴灌、微喷灌、涌泉灌和渗灌都属于微灌技术,微灌是一种新型的最节水灌溉工程技术。微灌可以根据作物需水要求,通过低压输水管道系统与安装在末级管道上的灌水器,将水和作物生长所需要的养分以很小的流量均匀、准确、适时、适量地直接输送到作物根部附近的土壤表面进行灌溉,从而减少灌溉水的深层渗漏和地表蒸发。

微灌适用于所有的地形和土壤,特别是干旱缺水地区,我国北方和西北干旱区微灌应用普遍,南方丘陵地区季节性干旱严重地区,近年来也陆续采用微灌技术。

3. 覆膜灌溉

覆膜灌溉技术包括膜下灌和膜上灌。而在菠萝生产中膜上和膜下灌均有应用。地膜下用滴灌供水灌溉,操作简便、便于控制灌水量,可大幅度减少土壤的深层渗漏和蒸发损失,能显著提高水的利用率,美国夏威夷菠萝生产上有一定的应用。覆膜可以减少土壤水分的蒸发损失,提高土壤温度、控制杂草、提高土壤熏蒸剂的效果,海南万钟公司的菠萝种植多采用膜上灌,广东丰收公司早期的菠萝种植,膜上灌和膜下灌均有采用。

5.1.1.4 田间节水灌溉工程技术

田间节水灌溉工程技术包括土地平整、畦田改造、波涌灌、行走式农用灌溉播种、注水灌溉抗旱保苗等技术。随着技术的革新与进步,传统的田间节水灌溉工程技术正被高效的新技术所取代。

5.1.2 农艺节水技术措施

农艺节水技术是以蓄水保墒的耕作技术为主体。概括有耕作保墒技术、覆盖保墒技术、水肥耦合技术、培肥改土技术及化学制剂保水节水技术等。

5.1.2.1 耕作保墒技术

采用深耕松土法、耙糖保墒、中耕除草、改善土壤结构等耕作方法,以疏松土壤,增大活土层,增强雨水入渗速度和入渗量,减少降雨径流损失,切断毛细管,减少土壤水分蒸发来实现保墒。耕作保墒技术既可提高蓄积降水的能力,又能减少土壤蒸发,因而使土壤水的利用率得到显著提高。

5.1.2.2 覆盖保墒技术

在耕地表面覆盖塑料薄膜、秸秆或其他材料抑制土壤蒸发,减少地表径流,提高地温,培肥地力,改善土壤物理性状,进而起到蓄水保墒、提高水分的利用效率,促进作物增产的良好效果。研究表明,一般秸秆覆盖可以节水 15%～20%,增产 10%～20%。覆盖塑料薄膜,可增加耕层土壤水分 1%～4%,节水 20%～30%,增产30%～40%。

5.1.2.3　水肥耦合技术

水肥耦合技术将施肥和灌溉技术结合,通过土壤肥力的测定,建立以肥、水、作物产量为核心的耦合模型和技术,合理施肥,培肥地力,以水调肥,以肥促水,充分发挥水肥协同效应和叠加作用,提高抗旱能力和水分利用效率,收获较大的经济效益。

水肥耦合技术在不增加施肥量和用水量情况下,肥料利用率可提高 3%～5%,产量增加 20%～30%,从而节约水肥资源,减少污染,改善生态环境,实现增产、增收。

5.1.2.4　培肥改土技术

通过增施有机肥,改善土壤结构,提高土壤蓄水能力。研究表明,在土地休闲期间连续 4 年增施有机肥的,同不施肥的处理相比,每公顷土壤蓄水量增加 $750～900$ 米^3,小麦增产 1 倍。因此,通过施用有机肥,改善土壤结构,增加土壤蓄水能力,将实现藏水于地的目标,为解决农业用水紧缺问题提供一种新思路和新方法。

5.1.2.5　化学制剂保水节水技术

合理施用保水剂、复合包衣剂、黄腐酸及多功能抑蒸抗旱剂等,可在作物生长发育中抑制过度蒸腾,防止奢侈耗水,减轻干旱危害,提高根系对土壤深层储水的利用,显著增强作物抗旱能力和提高水分生产率。

5.1.3　节水管理技术措施

5.1.3.1　制度管理

①制定节水法规,完善节水技术推广服务体系,落实节水管理责任制等,提高人民的节水意识;②建立各种水管理组织,制定工程管理和经营管理制度,做到计划用水、优化配水、合理计收水费,从制度上保证节约用水。

5.1.3.2　制定节水灌溉制度

①根据作物生理生长需求,制定适时、适量的灌溉制度,以提

高水的利用率。这样就能把有限的灌溉水量在作物生育期内进行最优分配,提高灌溉水向作物可吸收利用的根层土壤储水的转化,促进光合产物向经济产量转化的效率;②可采用非充分灌溉、抗旱灌溉和低定额灌溉等,限制对作物的水分供应,增加有效降水的利用,加大土壤调蓄能力,降低田间蒸发量,提高作物对农田水的利用率。

5.1.3.3 采用先进的水分测定技术

采用先进的科学手段,如张力计、时域反射仪 TDR、频域反射仪 FDR、电阻法等监测土壤墒情,数据经分析处理后结合天气预报,对适宜灌水时间、灌水量进行预报,做到适时、适量灌溉,有效地控制土壤含水量,达到节水又增产。

总之,应用上述节水农业措施时,应根据当地具体情况因地制宜地选用,并将各种适宜的技术措施进行组装配套,形成技术体系,充分发挥这些技术措施的综合节水增产效益。

5.2　滴灌节水技术

在现代节水灌溉中,滴灌是最节水的灌溉方法,近年来菠萝滴灌节水技术的试验示范获得了较快的发展。

5.2.1　滴灌特点

滴灌是一种局部灌溉的方法,与地面传统灌溉的沟畦灌和喷灌不同,滴灌只是对作物根系分布集中部位进行给水,水分在土壤中是由滴点向周围逐渐湿润(图 5-1)。水分运动是在土壤水分非饱和状态下移动的,离作物最近的区域土壤中的水分最多,而在菠萝宽行间土壤水分很少,可大量减少土壤水分的无效蒸发,而作物的需水量又得到保证。

图 5-1 滴灌图层湿润区

1. 节水高产

我国从 20 世纪 70 年代开始推广滴灌试验,至今已有 40 多年。大量试验证明,滴灌节水 30%～50%,灌溉水利用率达 90%～95%,而地面灌溉的水分利用率仅为 40%～50%。由于滴灌是局部灌溉,改善了土壤的温热状态,土壤的有效菌类活动增加,养分利用效率提高,作物生长发育处于最佳状态,作物增产效益显著。根据中国热带农业科学院南亚热带作物研究所在广东省湛江市徐闻县开展菠萝滴灌水肥一体化试验示范结果显示,与常规施肥相比(无灌溉),滴灌施肥技术处理产量提高 39.04%,扣除增加设备的投资,净收益增长 92.07%。

2. 自动化省工

滴灌系统是在输水管道化基础上进行的,田间不需要人工看守,无论灌溉面积的大小,只需要打开阀门,灌溉就自动进行。滴灌灌水可以与施肥相结合,减少传统施肥用工,降低劳动强度。以菠萝为例,巴厘种菠萝叶缘布满倒刺,给农事操作带来极大的困难,且追肥劳动量大,用工成本高,据"徐闻科技小院"调查,常规追肥,1 人 1 天仅能够完成 0.27 公顷的菠萝施肥工作,单位面积追施肥料需要人工费 1 350 元/公顷,而采用水肥一体化技术,不用下地,1 人 1 天可以灌溉施肥 3.33 公顷,试验示范追肥用工成本仅为 900 元/公顷,工效提高了 10 倍。

3.滴灌缺点

首先,滴灌设备的一次性投资大,滴灌管网铺设和管理复杂,大部分滴灌末级管路都需要每年重新铺设。其次,滴灌灌水器的滴孔很小,易造成物理堵塞和生物堵塞,需要安装可靠的过滤设备。最后,滴灌系统对使用人员的知识水平要求较高。

5.2.2 滴灌系统的组成与分类

5.2.2.1 滴灌系统的组成

一套完整的滴灌系统主要由水源工程、首部枢纽、输配水管网和滴水器等组成,其系统主要组成部分,如图 5-2 所示。

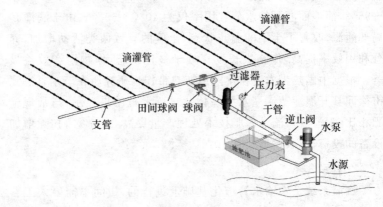

图 5-2 菠萝滴灌(施肥)系统组成

1. 首部系统

它由取水设备（水源、水泵、管理房等）、过滤设备（碟片式过滤器、旋流水沙过滤器等）、施肥系统（施肥罐、施肥泵、压力调节器等）、安全设备（逆止阀、安全阀、排气阀等）、控制系统以及土建工程组成。

2. 输水系统

它分为主干管、分干管、支管、辅管、毛管等。管网分地下管道和地面管道网，输水管网埋入地下，配水管网留在地面。管网根据选用管材的不同分为钢管、塑料管。

3. 给水系统

输水系统送到田间的水通过末级毛管上的滴头，将水用滴头方式滴到土壤中。给水有 2 种方式：一种是滴头装配在管上；另一种是滴头与毛管结合，将滴头镶嵌在管内，称为滴灌管。

5.2.2.2　滴灌系统的分类

按管道的固定程度，滴灌系统可分为固定式、半固定式和移动式 3 种类型。

1. 固定式滴灌系统

在固定式滴灌系统中，各级管道和滴头的位置在灌溉季节是固定的（干、支管一般埋在地下，毛管和滴头固定地布置在地面），其优点是操作简便、省工、省时，灌水效果好。而且由于布置在地面，施工简单，便于发现问题（如滴头堵塞、管道破裂、接头漏水等），其不足之处是毛管用量大，且毛管直接受太阳暴晒、老化快，并对其他农事操作有影响，还容易受到人为的破坏。

2. 半固定式滴灌系统

在半固定式滴灌系统中，其干管、支管固定埋在田间，毛管（滴灌管或滴灌带）及滴头都是可以根据轮灌需要移动的。半固定式地面滴灌的投资仅为固定式的一半，但增加了移动毛管的劳力，且容易破坏。

3.移动式滴灌系统

其干管、支管和毛管均由人工移动,设备简单,它较半固定式滴灌节省投资,但用工较多。

5.2.3 滴灌系统的技术要求

5.2.3.1 滴灌系统的设计要求

滴灌灌溉系统的设计除了要满足节水、节能、节省劳动力等之外,通常要遵循以下主要原则。

①设计滴头应具备出水稳定、流量小、灌水频率高,可确保对水量的精准控制。

②灌溉系统设计应结合耕作实际,便于操作。

③灌水量要适度,在满足作物灌溉要求的同时,不可造成病虫害的发生。

④灌溉系统的设计要充分考虑控制、测量设备、安全保护装置和施肥、喷药等装置的合理配置。

⑤在满足灌溉要求的同时,应使灌溉系统工程建设的综合造价最低。

⑥干管必须能通过整个灌溉系统所需的最大灌水量,以避免或减少压力损失。

5.2.3.2 滴灌系统对水质的要求

①滴灌技术要求水源清洁,用水必须要经过严格过滤、净化处理。最好用 150～200 目的碟片式过滤器过滤,进入管网的灌溉水应经过净化处理,不应含有泥沙、杂草等物质。

②滴灌水质的 pH 一般应在 5.5～8.0,总含盐量不应该大于 2 000 毫克/千克,含铁量不应大于 0.4 毫克/千克,总硫化物含量不应大于 0.2 毫克/千克。

③灌溉水中不可混入磷肥,避免磷肥与水中的钙生成沉淀物,

堵塞滴头。

5.2.4　滴灌系统的规划设计

规划设计滴灌系统前,必须要搜集必要的资料,如地形资料,包括地形图、水源位置、土壤、气象和水源(包括水位、水量、水质)等。

5.2.4.1　滴灌系统的总体布置

1.滴灌采用压力管道系统

但其工作压力较低,用水量小。通常,滴灌管网由干管、支管和毛管 3 级构成。干管作为输水系统输送全部水并调节滴灌系统水压;支管把水送到毛管,也需要适当设计,以使水能均匀地流入毛管;毛管是与支管连接的带有滴头的滴灌带,通过毛管设计对田块进行均匀地灌水。在布置时,首先要根据作物种类,合理选择滴灌系统类型,合理布置各级管道,使整个系统长度最短,控制面积最大,水头损失最小,投资最低。

2.滴灌系统类型的选择

滴灌系统分为固定式和移动式。在菠萝种植中,一般采用固定式。

3.滴灌系统管道布置

一般分为干管、支管和毛管 3 级,布置时要求各管道之间尽量互相垂直,以使管道长度最短,水头损失最小。

5.2.4.2　滴头的选择

滴头必须根据作物需水量给作物根区提供充分的水,一般情况下作物根层体积的 1/3~3/4 应得到充分湿润。滴头选择的原则如下。

①流量符合设计要求,组合后能满足作物的需求,不产生深层渗漏与径流,选在 5~8 升/小时较为适宜。

②工作可靠、不易堵塞,一般要求流量孔径大,出流速度大。

③性能规格整齐,制造误差应小于 10%。

④结构简单,价格便宜。

5.2.4.3 管网的布置

在滴灌系统布置中,毛管用量最多,它直接关系到工程造价和管理运行是否方便。管网的设计主要是确定干管、支管、毛管的管径和长度,系统总扬程和水泵类型等。传统菠萝的种植中,一般采用宽窄行种植,宽行 50 厘米,窄行 40 厘米,株距 33 厘米,种植密度 4 000～4 500 株/亩。每 2 行菠萝的窄行间铺设 1 条滴管带,滴头间距在 30～40 厘米,流量每小时 5～8 升为佳。毛管的铺设长度一般为 50～80 米为宜。

5.2.4.4 设计首部系统

集中安装管网进口部位的加压、调节、控制、净化、施肥(药)、保护及测量等设备组合,总称为首部枢纽,它包括水泵、过滤器、水表、压力表、进排气阀和控制设备等。在选择这些设备时,其设备容量必须满足系统的过水能力,使水流经过各种设备时的水头损失比较小。

5.2.4.5 管道的水力计算

首先,计算田间灌溉水量,确立支管管径;其次,根据支管数和长度设计主管的管径及水泵的型号。

5.2.4.6 滴灌系统加压泵选择

1. 水泵选择

水泵流量等于全部干管流量之和。

2. 水泵扬程

水泵扬程=首部枢纽及主干管水头损失+支管水头损失+毛管上第一个滴水器的工作压力+深井的动水位+滴灌系统干管最大相对高差。

3. 系统总扬程

$$H = H_{0主} + (Z_1 + Z_2) + H_S$$

式中：$H_{0主}$——不考虑干管高差的输水主管道进口水头损失、米；

$(Z_1 + Z_2)$——滴头与水源动力水位平均高差/米；

H_S——输水主管进口至水源的水头损失/米。

根据系统总扬程和总流量选择相应的水泵型号，一般所选水泵参数大于设计参数。

5.2.5　滴灌灌溉制度的确定

滴灌系统的灌溉制度包括灌溉定额、灌水定额、灌水周期和一次灌水所需的时间等，应根据作物不同生长阶段的需水量确定。

5.2.5.1　灌水定额

灌水定额是指一次灌水单位面积上的灌水量。由于滴灌灌溉仅能湿润作物根部附近的土体，而且地面蒸发量很小，所以，滴灌的灌水量取决于湿润土层的厚度、土壤保水能力、允许消耗水分的程度以及湿润土体所占比例。滴灌设计灌水定额是指作为系统设计依据的最大一次灌水量，可用下列公式计算：

$$h = 1\,000\alpha\beta pH$$

式中：h——设计灌水定额/毫米；

α——允许消耗水量占土壤有效水量的比例/％；对于果实，$\alpha = 30\% \sim 50\%$；

β——土壤有效持水量（占土壤体积分数）/％；

p——土壤湿润比/％；土壤湿润面积与滴灌面积（包括滴头湿润的面积和没有湿润的面积）之比植。其数值大小与滴头流量、滴头间距及土壤的类别有关；

H——计划湿润层深度/米，大田作物为 0.3～0.6 米，果树为 1.0～1.2 米。

5.2.5.2 土壤湿润比

在微(滴)灌条件下的土壤湿润比,常以地面下 20～30 厘米处的湿润的面积占总灌水面积的比例表示。湿润比高的系统,对土壤养分供应比较有保障,而且可使更多的土体起到存储和供给养分的作用,但成本高,用水多;湿润比过小,作物受旱,不能高产。一般情况下,湿润比可按下列公式计算。菠萝属于密植果树,一般建议取值 50%～60%。

$$p = \frac{0.758 \, D^2 K}{S_e S_1} \times 100\%$$

式中:D——滴头湿润直径/米;S_e——毛管滴头间距,米;S_1——毛管间距/米;K——修正系数,干旱地区宜取上限值,湿润地区可取下限值。

如果滴头装配较密集,与毛管平行方向可在地面上形成宽的湿润带。湿润带最好是现场实测。不同土壤质地的湿润宽度,如表 5-1 所示。

表 5-1　土壤质地的湿润宽度

土壤质地	沙土及沙壤土	壤土	黏壤土及黏土
湿润宽度/厘米	30	40	50

5.2.5.3 灌水周期

灌水周期是指两次滴灌之间的最大间隔时间,它取决于作物、土壤种类、气候和管理情况。对水分敏感的作物,灌溉周期应短;耐旱作物,灌水周期可适当延长。在消耗水分量大的季节,灌水周期应短。灌水周期可用下列公式计算:

$$T = \frac{m}{E}\eta$$

式中:T——设计灌水周期/天;m——设计灌水定额/毫米;E——作

物需水高峰期日平均耗水强度/毫米；η——灌溉水有效率。

5.2.5.4　一次滴灌时间的确定

一次灌水延续时间用下列公式计算，即

$$t = \frac{m S_{e} S_{1}}{q}$$

式中：t——一次灌水延续时间/小时；S_{e}——滴头间距/米；S_{1}——毛管间距/米；q——滴头流量/（升/小时）。

5.2.5.5　滴灌次数

滴灌技术是频繁的灌水方式，作物全生育期灌水次数比常规地面灌溉多，它取决于土壤类型、作物种类、气候等。因此，同一种作物滴灌次数在不同条件下，要根据具体情况而定。

5.2.6　滴灌系统的堵塞及其处理方法

5.2.6.1　滴灌系统堵塞的原因

1. 悬浮固体堵塞

由河（湖）水中含有泥沙及有机物引起，通过滴头时聚集堵塞。

2. 化学沉淀堵塞

水流由于温度、流速、pH 的变化，常引起一些不易溶于水的化合物沉淀在管道和滴头中，按其化学成分来分，主要是铁化合物沉淀，碳酸钙沉淀和磷酸盐沉淀等。

3. 有机物堵塞

胶体形态的有机质，微生物的孢子和单细胞一般不容易被过滤器排除，在适当的温度、含气量以及流速减少时，常在滴灌系统内团聚和繁殖，从而引起堵塞。

5.2.6.2　滴灌系统堵塞的处理方法

1. 酸液冲洗法

对于碳酸钙沉淀，可用 36% 的盐酸加入水中，占水容积的

0.5%～2%,用 1 米水头的压力输入灌溉系统,滞留 5～15 分钟;若被钙质黏土堵塞,可用硝酸稀释液冲洗;除去铁的沉淀需用硫酸。

2.压力疏通法

用 0.5～1.0 兆帕的压缩空气或压力水冲洗滴灌系统,对疏通有机物堵塞效果最好。

5.2.6.3 滴灌系统的管理与堵塞的预防

在滴灌系统运行过程中,加强管理是非常重要的,应切实采取以下预防措施。

①维护好过滤设备。

②设沉淀池预先处理灌溉水。

③定期测定滴头的流量和灌溉水的铁、钙、镁、钠、氯的离子浓度及 pH 和碳酸盐含量等,及早采取措施。

④防止藻类滋生,毛管采用加炭黑的聚乙烯软管,使其不透光或用氯气、高锰酸钾及硫酸铜处理灌溉水。

5.3 微喷灌技术

微喷灌是通过低压管道系统,以小的流量将水喷洒到土壤表面进行灌溉的一种灌水方法。它是在喷灌和滴灌技术基础上逐步形成的一种新型先进的灌水技术。

5.3.1 微喷灌技术的应用概况

微喷灌技术具有喷水流量小(一般为 50～150 升/小时,最小可达到 30 升/小时),工作压力低(一般为 10～30 米水头),配套功率小,小型微喷灌可减少到 550～750 瓦,喷水高度低(在 2 米以内),喷水直径小(4.5～9 米),水滴细小、喷洒均匀、受风的影响很小,设备轻巧、移动方便、管件齐全、装卸简单以及适用于分散地块和一家一户使用等特点。

微喷灌工程是一种新型的灌水工程,它在投资、使用方面具有一定的优越性,发展前景十分广阔。在菠萝的生产过程中,微喷带灌溉和微喷头灌溉受到菠萝种植户的青睐,易于推广普及而且接受度高。

5.3.2　微喷灌技术特点

5.3.2.1　微喷灌的技术优点

微喷灌吸收了喷灌和滴灌的技术优势,具有以下独特的优点。

1. 工作压力低,节约能源

与喷灌相比,微喷灌的管道工作压力大大降低,从而减少了抽水扬程,能源节约 50% 以上,降低了对管材的要求和能源消耗,节省了运行费用。

2. 不易堵塞

与滴灌相比,微喷灌不易堵塞。由于微喷灌的工作压力较高,微喷头的出流孔径和流速均大于滴灌的滴头流速和流量。因此,它不容易被细小的固体颗粒、微生物及化学沉浮物堵塞,减少了灌水器的堵塞。即使形成堵塞,也易于发现和处理。

3. 节水效率高

与传统灌溉相比,微喷灌可以有效地将水送到作物的根部,由于用管道输水,基本上没有水渗漏损失。微喷灌采用了小的灌水定额和浸润入渗机制,在微喷洒的过程中,有部分水滴被粉碎后气化成雾状,细小的水滴落于地表后,由土壤颗粒的吸附力吸取,增加吸附水的厚度,形成膜状水,随着灌水的继续增加,土壤膜状水转变为毛管水,然后通过毛管水扩散和转移,使上层土壤水分转入到下层，形成土壤水分再分配的集团。这种分配机制彻底避免了深层渗漏，减少了无效的水流，补充了空气的湿度，形成了"增湿、调温"的效应，这样有利于田间小气候的形成。因此，空气湿度增加，地表蒸发减少，降低了水分的无效消耗，提高了灌溉水的有效利用率，它比渠道灌溉节省水量50%以上，且湿润范围大，灌溉后水分并不全部充满空隙，土壤保留了相当的空气，因而地温下降较小，有利于根系发育，起到节能、节水的作用。

4. 提高土壤肥力，改善土壤结构

微喷灌便于灌溉与施肥相结合，方便将可溶性化肥随灌溉水直接喷洒到作物叶面或根系周围的土壤表面，提高施肥效率，节省化肥用量。

5. 投资成本相对低，便于管理，明显节省劳动力

微喷灌系统本身便于控制，一个人可以管理几十亩的灌水工作。虽然微喷灌不如滴灌节水，但缩短了灌水时间，避免了滴头容易堵塞的麻烦，因而比较省工。微喷灌对水质的要求也不像滴灌那样严格，但仍需加强管理，并注意防止微喷头丢失。

5.3.2.2　微喷灌技术存在的问题

微喷灌技术对水质的处理及系统的管理要求相对较高，投资较大。这种技术一般用于灌溉水量不足、土壤透水性强、劳动力较紧张、其他灌溉成本较高地区的经济作物的灌溉。

5.3.3　微喷灌系统的组成与分类

5.3.3.1　微喷灌系统的组成

微喷灌系统主要由压力泵、首部枢纽、输配水管网和微喷头（微喷带）等4部分组成。各部分的功能与滴灌基本相同，只是由于喷洒半径不同，布置时有一定的特点。典型的布置，如图5-3所示。

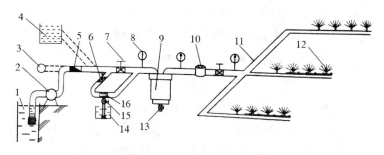

图 5-3　微喷灌系统组成

1.水源;2.水泵;3.供水管;4.蓄水池;5.逆止阀;6.施肥开关;7.灌水总开关;8.压力表;9.主过滤器;10.水表;11.支管;12.微喷头;13.冲洗阀;14.肥料罐;15.肥量调节阀;16.施肥器

1.水源

河流、湖泊、水库、机井等水质复合灌溉要求的来水均可作为微喷灌的水源。

2.首部枢纽

它包括泵组、动力机、肥料罐、过滤设备、控制阀、进排气阀、压力表、流量计等,其作用是从水源中取水增压,并将其处理成符合微喷灌要求的水流输送到系统中去。

5.3.3.2　输配水管网

输配水管网包括干管、支管和毛管 3 级管道和相应的三通、直通、弯头、阀门(电磁阀、逆止阀、压力调节阀、进排气阀、放水阀、水表、压力表)等部件。输配水管网的作用是将首部枢纽处理过的水按照要求输送分配到每个灌水单元和灌水器。

5.3.3.3　微喷头

微喷头是微喷灌中的重要部件,它直接关系到喷洒质量和整个系统运行是否可靠。按现有的微喷头的结构形式和工作原理,微喷头一般分为射流式、离心式、折射式、四头雾化和缝隙式微喷头,此外,还有微孔式微喷带。在菠萝生产中,我们应用的主要是斜孔式微喷带,折射式微喷头式也有一定的应用。

5.3.4 微喷灌系统的技术要求

5.3.4.1 微喷灌系统的设计

①微喷灌系统设计必须考虑土壤的容重、田间持水量、允许喷灌强度及计划湿润层深度等,依次计算灌水定额、允许组合灌溉强度等;根据当地条件选择好组合方式后进行微喷灌设计。

②微喷灌系统的设计灌水均匀度应大于85%。

③微喷灌系统的组合喷灌强度应小于土壤的入渗能力。

④雾化指标要适应作物和土壤的耐冲刷能力。

5.3.4.2 微喷灌的技术指标

灌水均匀系数和灌水效率与滴灌相同。微喷灌强度的要求与喷灌相似,其主要区别在于微喷灌是局部灌溉,一般不考虑湿润面积的重叠。所以要求单喷头的平均喷灌强度不超过土壤的允许喷灌强度。微喷灌系统设计必须考虑土壤的干容重、田间持水量、允许喷灌强度(表 5-2)及计划湿润层深度等,设计时依次计算灌水定额、允许组合喷灌强度等。

表 5-2 典型的土壤特性

土壤质地	容重克/厘米³	田间持水量		允许喷灌强度/(毫米/小时)	地面坡度/%	允许喷灌强度降低值/%
		质量/%	体积/%			
沙土	1.45～1.60	16～22	26～32	20	<5	0
沙壤土	1.40～1.55	22～28	30～35	15	5～8	20
壤土	1.36～1.55	22～30	32～42	12	9～12	40
壤黏土	1.35～1.44	28～45	40～45	10	13～20	60
黏土	1.32～1.40	30～35	40～50	8	>20	75

1. 微喷灌强度的计算

微喷灌强度是指单位时间内微喷头喷洒在单位土壤面积上的水层深度,通常用 P 表示,按下列公式计算:

$$P = \frac{q}{S_e S_L}$$

式中:S_e——微喷头间距/米;S_L——毛管间距/米;q——微喷头流量/(升/小时)。

2. 微喷灌日耗水强度的确定

微喷灌主要用于保护地中的蔬菜、果园、苗圃等,此时只有部分土壤表面被作物覆盖,灌水时也只湿润部分土壤或冲洗作物叶面。与地面灌溉相比较,作物耗水量主要用于作物本身的生理蒸腾,地面蒸发损失较小。因此,耗水强度用下列公式计算:

$$E_a = k_r E_c$$

$$k_r = \frac{G_c}{0.85}$$

式中:E_a——微喷灌的作物设计日耗水强度,通常取 3~7 毫米/天;
　　　k_r——作物遮阳率对耗水量的修正系数,当计算机的 k_r 大于1,取值为 1;
　　　E_c——作物耗水强度/毫米;
　　　G_c——作物遮阳率,又称作物覆盖率,它随作物的种类和生长发育阶段而变化。

一般来说,除为冲洗作物叶面或降低温度的喷灌外,应选择全生育期月平均作物耗水强度最大值作为设计耗水强度。

3. 微喷灌均匀度

微喷灌的灌水质量取决于喷洒的均匀度。在设计上,不仅要考虑一条毛管上各个微喷头出水量的均匀性,还要考虑湿润面积

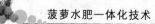

上水量分布的均匀性。在满足主要灌水质量指标要求的基础上，喷洒湿润图形还应满足作物根系发育的要求，在不同生育阶段都能使根系全部得到湿润。影响微喷灌灌水均匀度的主要因素是喷头的工作压力和微喷头的制造误差，采用喷头布置时，其喷洒均匀系数用下列公式计算：

$$C_u = \frac{(1.0 - 1.27 F_s)q_n}{q_a} \times 100$$

式中：C_u——设计微喷头的喷洒均匀系数/%；

F_s——系统制造误差系数；

q_n——与最小压力对应的微喷头流量/(升/小时)；

q_a——微喷头的平均流量或设计流量/(升/小时)。

上式中的系数为 1.27，表明 80% 的喷洒区域符合喷洒均匀性条件，一般设计均匀系数C_u值不小于85%。若选定C_u值，并根据土壤和作物选定q_a，则可以用下列公式反求F_s，即 $F_s = \dfrac{100\, q_n/q_a - C_u}{127\, q_n/q_a}$。

当种植作物为密植作物时，喷头应采用一定的组合方式，不同的组合方式对喷洒均匀系数的影响，见表 5-3。

表 5-3　微喷头组合间距与喷洒均匀系数的关系

工作压力/米	均匀系数/%				
	布置间距/米				
	2.0	2.5	3.0	3.5	4.0
10.0	67.1	82.0	74.9	57.7	61.9
12.5	66.3	75.9	72.6	58.5	62.4
15.0	70.5	78.2	71.4	61.3	60.0

由表 5-3 可以看出，对于不同的微喷头，不同的布置间距会导

致湿润面积上均匀系数的明显差别。

5.3.4.3 微喷灌对水质的要求

微喷灌是介于喷灌与滴灌之间的一种灌水方法。它的主要灌水质量指标与滴灌要求相似,具体要求参见滴管对水质的要求。

5.3.5 微喷灌系统规划布置与设计

5.3.5.1 微喷灌系统的总体布置

微喷灌系统的总体布置采用主管、干管、支管、毛管和微管 5 级管网布置形式。主管由过滤池到管理机房,干管在试验区上边沿等高线布置,支管垂直干管,毛管垂直支管沿等高线平行布置,双向供水,微管一端与毛管连接,另一端与喷头连接。

5.3.5.2 微喷头的选择布设

在选用喷头时,我们既要考虑农作物对灌溉的要求,又不能对土壤环境造成不利的影响。

①单喷头平均喷灌强度不超过土壤允许的喷灌强度。

②喷水量要适合与作物灌水量的要求,特别注意考虑灌水量随着生育阶段的变化。

③喷头的制造误差要小,不得超过 11%。

④喷水量对应力和温度变化的敏感性要差。

⑤工作可靠,即所选择微喷头的孔径口要适当地大,以防堵塞;对于有旋转部件的微喷头,还要求旋转可靠,经济耐用。

⑥选用喷头时,要根据作物的种类,植株的间距,土壤的质地与入渗能力及作物的需水量大小而定。

⑦微喷头的布置包括在高度上的布置和在平面上的布置。

在高度上的布置,通常微喷头放在作物冠层下面,不能太高也不能太低;在平面上布置,一般来说要求作物 30%~70% 以上的根系得到灌溉,以保持产量和足够的根系锚固力。根系湿润范围的大小主要取决于土壤类型与土层深度、喷水量的大小、微喷头喷洒覆盖范围的大小与形状、灌水时间等。

5.3.6 微喷灌系统灌溉制度的确定

5.3.6.1 微喷灌灌水定额

根据微喷灌系统的用途确定微喷灌强度、日耗水强度后,微喷灌的设计灌水定额可以用下列公式计算:

$$m_a = \gamma_d (\beta_{\max} - \beta_{\min}) \beta \rho H \times 1\ 000$$

式中:m_a——设计灌水定额/毫米;

H——计划湿润层深度/米,根据不同作物,作物的不同生育阶段而定;

γ_d——土壤干容重/(克/厘米^3);

$\beta_{\max}$、$\beta_{\min}$——作物可利用的土壤水分占土壤田间持水量比例的上下限/%;

β——田间持水量,以质量含水量的比例计/%;

ρ——土壤湿润比,$\rho = 0.9 \sim 1.0$。

5.3.6.2 微喷灌灌水周期的确定

在保护地中可以不考虑降水的补给,通常情况下灌水周期用下列公式计算:

$$T = m_a / E_a$$

式中:T——设计灌水周期/天;

m_a——设计灌水定额/毫米;

E_a——设计作物日耗水强度/(毫米/天),一般选 3~7 毫米/天,对于菠萝来说,日最大耗水强度一般低于 4 毫米。

5.3.6.3 微喷灌灌水时间的确定

一次灌水延续时间可根据下式计算:

$$t = \frac{m_a S_e S_L}{\eta q}$$

式中：t——一次灌水延续时间/小时；m_a——灌水定额/毫米；S_e——微喷头间距/米；S_L——毛管间距/米；η——灌溉水利用系数，$0.9\sim0.95$；q——微喷头流量/（升/小时）。

5.4　菠萝滴灌水肥一体化技术应用实例

菠萝水肥一体化技术是将菠萝所需的肥料溶解于灌溉水中，通过灌溉管道将肥料和水分施入菠萝根区，以水调肥，水肥耦合，可明显节约用水，提高水分利用率和肥料利用率，操作简单，易于实现自动化，省工、省力。

徐闻县作为广东省菠萝生产的核心区域，尽管全年雨热充足，但时空分布不均，雨、旱季交替明显。冬季干旱威胁较大，若3～4周无有效降雨而又未灌溉，则土壤根层就会缺水，造成减产。传统种植菠萝品种——巴厘，叶缘有刺，且种植密度大，生长后期封行，给施肥带来诸多不便，使得农民普遍重前期施肥，轻后期追肥，造成菠萝生长发育后期供肥不足，施肥比例和施肥时期不当，肥料利用率不高，未被利用的肥料在雨季随雨水进入河流后，会对环境安全构成潜在威胁。而菠萝水肥一体化施肥技术能够有效解决这些问题，近年来，它逐步在徐闻"菠萝的海"腹地得到普及与应用。

5.4.1　勘察设计

勘察设计是工程建设的重要环节，在决定采用水肥一体化技术后，要进行农田地块的初勘、定测和补充定测。要根据菠萝园的地理位置和水源状况，选择合适的水肥一体化方式。灌溉系统主要由水源工程、首部枢纽工程、输水管网、灌水器4部分组成。

在滴灌系统规划设计中，主要有以下几个方面需要考虑：一是滴头及滴灌管的选择。二是输水管道的选择。三是首部系统的构成与设计。滴头及滴灌管的选择主要包括滴头类型、滴头流量、滴头间距、滴灌管铺设长度、滴灌管壁厚、轮灌区大小等因素；输水管道的选择主要由地形、土壤质地、作物种植行距以及灌溉面积和水源供应情况等实际条件决定;首部系统由水泵、过滤设备、施肥设备、计量设备、安全保护装置等构成。水泵的选型依据是系统的设计流量和设计扬程,其选择是否合理,将对系统的运行情况和运行费用有很大影响。施肥设备是实现水肥一体化技术的关键设备,在采用水泵加压灌溉系统中主要采用泵吸施肥或泵注肥法。安全保护装置的主要作用是防止系统内因压力变化或灌溉水倒流对设备造成破坏,保证系统正常运行。

5.4.2　菠萝苗栽植

按常规方法栽植菠萝,宽行 50 厘米,窄行 40 厘米,株距 33 厘米,种植密度 4 000～4 500 株/亩,水肥一体化后可适当加大菠萝苗种植密度。

5.4.3　设备安装和管道铺设

在泵房外侧建一个砖水泥结构的施肥池,一般 3～4 米³,通常高 1 米,长、宽均为 2 米,以不漏水为质量要求。对用深井泵或潜水泵抽水直接灌溉的地区,可在施肥池旁另建一个蓄水池,以满足整个灌溉系统的需水量为原则。依据勘察设计,结合农田的地形地貌,安排管道的铺设,划分灌溉区域,每 2 行菠萝间铺设 1 条滴管带,滴头间距在 30～40 厘米,流量每小时 5～8 升为佳。采用滴灌、微喷灌可利用加压泵或重力自压式施肥法进行施肥。

5.4.4　技术方案制定

菠萝是一种需肥量大、种植密度高的水果。整个生长期总用水量的 96 米³/亩,N、P_2O_5、K_2O 施肥量是 36.7 千克/亩、24.5 千克/亩、54.6 千克/亩,分 16 次施用,每次用水量为 6 米³/亩。具体施肥量,见表5-4。除滴灌施肥外,在旱季 4—6 月菠萝快速生长期,每 10 天单独灌溉一次,每次为 6 米³/亩,共灌溉 8 次。为了充分发挥肥效,选择合适的肥料是关键。

化肥应符合下列要求:①高度可溶性。②溶液的酸碱度为中性至微酸性。③没有钙、镁、碳酸氢盐或其他可能形成不可溶盐的离子。④金属微量元素应当是螯合物形式的,而不是离子形式的。⑤含杂质少。

化肥实施方案具体如下:尿素是含氮量很高的酰胺态氮肥,溶解性好,它是灌溉施肥中最常用的氮肥。在滴灌系统中,钾肥通常选择白色粉末状氯化钾。当灌溉水的电导率较高时(大于2~3微西门子/厘米),施用磷酸盐或硫酸盐可能存在沉淀的危险,建议采用酸性肥料,防止滴头堵塞。由于磷的移动性差,特别是对于黏重土壤,当季利用率低,一般建议磷肥和有机肥做基肥施用,每亩施过磷酸钙肥150千克,有机肥1 000~2 000千克,其他肥料则通过灌溉系统施入。

表 5-4 菠萝滴灌施肥方案

距离栽植时间 /天	灌溉量 /[m³/(亩·次)]	灌溉次数	施肥量/(千克/亩)		
			N	P_2O_5	K_2O
0			—	6	—
0~41	6	2	4.47	2.33	2.33
41~71	6	2	4.67	4.67	4.67
71~189	6	2	3.80	1.47	3.00
189~223	6	2	6.07	1.47	9.40
223~264	6	2	6.93	2.33	9.73
264~305	6	2	5.33	2.33	9.80
305~374	6	2	3.67	2.33	9.53
374~458	6	2	1.73	1.60	6.13
总量	96	16	36.67	24.53	54.6

5.4.5 方案实施

依据滴灌施肥方案,结合天气情况和菠萝长势,将肥料按用量在肥料池溶解,通过水肥一体化设施进行操作管理。滴灌施肥时,先滴清水 15～20 分钟冲管,然后开始施肥。虽然施肥时间越长越好,但同时也要考虑天气因素,如在雨季则应尽量缩短施肥时间。施肥结束后,立刻滴清水 20～30 分钟,使管道中残留的肥液全部排出。冲管、洗管是防止滴头堵塞的有效方法,如不冲洗管,可能会在滴头处生长青苔、藻类等低等植物或微生物,堵塞滴头。大棚或温室长期用滴灌施肥,会造成地表盐分累积,影响根系生长,可采用膜下滴灌抑制盐分向表层迁移。同时要避免过量灌溉,一般使土层深度 30～40 厘米保持湿润即可。过量灌溉不但浪费水,还会使养分淋失到根层以下,浪费肥料,导致作物减产。特别是尿素、硝态氮肥(如硝酸钾、水溶性复合肥)极容易随水流失,因此,灌溉时一定严格控制用水量。

5.4.6 应用效果

中国热带农业科学院南亚热带作物研究所 2011—2017 年连续 7 年在徐闻开展的试验也表明,菠萝采用水肥一体化栽培技术后,增加设备和水电费投入 677 元/亩,平均增产 19.3%,商品果率高达 95%;氮的利用效率提高 23%,磷的利用效率提高 11%,钾的利用效率提高 33%,肥料贡献率达 56%,N、P_2O_5、K_2O 分别节省 43%、59%、20%,节肥明显;产出投入比为 2.97∶1,肥料成本节省了 402 元/亩,用工成本节省了 75 元/亩,经济效益较常规施肥提高 4 644 元/亩,增收 44.3%。因此,菠萝水肥一体化栽培技术是一项"作物高产、资源节约和环境友好"实用技术,拥有广阔的应用前景。

第6章 菠萝关键栽培技术

6.1 园地选择

选阳光充足、水源丰富、交通方便之地作生产基地,土壤 pH 最好在 4.5～5.5,在缓坡地上种植较佳。若选择前茬种植菠萝地块,应先用粉碎机将菠萝植株粉碎,晾晒 15 天后翻耕、平整土地、开沟准备定植;并于 7 月下旬到 8 月初采摘菠萝芽苗后,晒苗 3 周左右。

大部分菠萝园土壤为砖红壤,土层深厚,质地黏重,黏粒含量高达 60% 以上,呈酸性至强酸性,土壤盐基强烈淋失,交换量低,一般为 5 厘摩尔/千克,主要特点是养分有效性低、水分胁迫、土壤侵蚀,磷高度固定,高酸度导致的铝毒、锰毒和土壤生物多样性低。而锰毒会对铁、镁、锌等二价阳离子的吸收造成紊乱,菠萝容易发生缺铁、镁症状,有时也会表现出缺锌症状。通过施用土壤调理剂,可减少猛毒害;叶面喷施铁、镁、锌,避免中微量元素缺乏。试验表明,土壤 pH 每上升一个单位,土壤中锰活性就降低 50～100 倍。对于大多数作物而言,施用石灰是控制锰毒害的有效方法,而菠萝生长喜酸性土壤,土壤 pH 升高,会对菠萝根系的生长产生不良影响,施用石灰量不能太高,适当增施磷肥,补充土壤中的钙含量,以增加土壤的缓冲性。

菠萝园土壤利用强度大,生长环境温度较高,养分周转快,在集约化经营方式和多年连作种植下,土壤有机质呈持续下降趋势,导致土壤质量退化,土传病虫害滋生严重;而化学肥料长期大量投入、比例失调、养分不平衡会造成土壤板结等理化障碍;而肥料的过量和不合理施用会在雨季造成淋洗,对农田生态环境安全造成威胁。据调查,农田改种菠萝后,种植第 1 年土壤有机质 0~20 厘米土层平均下降了 57.3%,第 2 年平均下降了 60.5%,第 4 年平均下降达 77.6%。菠萝园随着种植年限的延长,土壤有机质、氮、碱解氮和速效钾含量不断下降,第 4 年与第 1 年比较,这三年中每年平均分别以 6.8%、14.3%、12.0% 和 19.4% 的速率下降。由此可见,开发出菠萝关键栽培技术对促进菠萝产业的可持续发展意义重大。

6.2　合理定植

一般用芽苗繁殖,以冠芽繁殖的植株最优,以吸芽培养的苗次之,由于裔芽繁殖数量最多且长势相对整齐,栽培中大多以裔芽作为种苗。选择长势一致的裔芽和吸芽作种苗,若长势差异大,定植时需进行苗木分级。晒完苗后,一般要进行种苗消毒,用 40% 的敌百虫溶液浸泡菠萝种苗 5~10 分钟,晾干后种植,用于防治蛴螬;同时在种植前要将基部老叶片剥去,用 25% 的多菌灵可湿性粉剂 800~1 000 倍液或 1∶100 的波尔多液浸泡种苗基部 10~20 分钟,倒置晾干后再种植,这样可有效防止菠萝烂心。种苗需要选择株高 25 厘米以上,叶片数达到 25 片以上的壮苗进行种植。种植深度以 8~10 厘米为宜,防止泥土溅落至株心。菠萝多采用宽窄行种植,宽行 50 厘米,窄行 40 厘米,株距为 35 厘米,种植密度卡因类宜栽 3 000~3 500 株,皇后类 4 200~4 500 株,杂交类品种 3 200~3 700 株。

6.3　病、虫、害防治

菠萝的病、虫、害较少,一般连续种植 3 年以上,病、虫、害发病率就会增加。在同一块土壤中连续栽培同种或同科的作物时,即使在正常的栽培管理状况下,也会出现生长势变弱、产量降低、品质下降、病、虫、害严重的现象。连作障碍是作物与土壤两个系统内部诸多因素综合作用结果的外在表现,菠萝继续种植 5 年以上,菠萝心腐病、凋萎病、黑心病等明显增多,土壤有害微生物和病、虫、害造成的减产达 1/3 以上,要保持原有产量,势必要使用更多的肥料和农药,形成一个肥药施用量交替上升的死循环。轮作能提高经济效益和作物产量,改善作物残茬管理,减少土壤侵蚀,利于杂草控制和防治病、虫、害,增加土壤有机质,改善土壤结构,提高土壤水利用率,且轮作年限周期越长越为明显。因此,轮作是必要的。轮作模式与连作模式相比,有利于降低作物发病指数,降低土壤容重,改善土壤的通气性、透水性,增加土壤微生物生物量,增强土壤酶活性,提升土壤有机质,提高土壤肥力。

菠萝常见的病害主要有心腐病、凋萎病、黑心病等。菠萝主要病、虫、害防治贯彻"预防为主,综合防治"的植保方针,以农业防治为基础,提倡生物防治和物理防治。加强病、虫、害的预测预报工作,按照病、虫、害发生规律和经济阈值,做到对症下药,适时用药。

我们使用化学农药时,应严格执行 GB/T 8321 和中华人民共和国农业部公告〔第 199 号〕规定,合理使用高效、低毒、低残留化学农药,限制使用中等毒性农药,禁用高毒、高残留的化学农药。发现心腐病植株要及时拔除,或者用 50% 多菌灵可湿性粉剂 800倍液或 70% 甲基托布津 800 倍液喷洒菠萝植株,15 天喷 1 次,连续 2~3 次即可。菠萝凋萎病和根腐病均是由粉蚧引起的,蚂蚁是传播菠萝粉蚧的介质,通过使用七氯、氯丹、林丹等杀虫剂控制蚂蚁来防治菠萝粉蚧。菠萝主要病、虫、害症状与防治方法,见表 6-1、表 6-2。

表 6-1　菠萝主要病害症状及防治方法

病害名称	发生时期	症状	防治措施
心腐病	小苗期	发病植株心叶停止生长,叶片暗淡无光泽,心叶逐渐变为黄绿或红黄色,叶尖变褐、变枯,叶基部出现淡褐、水渍状,伴有臭味。后期腐烂组织软化,叶基部坏死,最后全株枯死	①选择健康的新壮苗。晒苗,种苗的切口干燥后方可种植,植前将种苗基部的枯叶剥离,用杀菌剂(如多菌灵可湿性粉剂)溶液浸苗的基部 10～15 分钟,倒置晾干后种植②雨季勤观察。改善园地排水系统,避免积水。及时发现病株,拔除销毁。病穴要换土且撒施石灰消毒等;发病初期用杀菌剂(如多菌灵可湿性粉剂)溶液每隔 15 天喷药一次,连续施药 3 次③平衡施肥,不偏施氮肥
凋萎病	干旱季节	发病从根部开始,根系停止生长,随后叶尖开始失水变皱,叶肉组织坏死,基部叶片发黄软垂,以后逐步发展到叶片枯黄凋萎,根系腐烂,果实萎缩,全株逐渐枯死	①选用健康苗及抗病品种②消灭菠萝粉蚧和蚂蚁③菌剂(如多菌灵可湿性粉剂)溶液喷洒叶面④及早发现病株并拔除销毁
茎腐病	全生长期	病部出现水渍状红褐色病斑,继而扩大至整个茎部,叶片褪绿,变为黄色,叶尖变褐,叶鞘变为淡褐色软状,有臭味	①植前保持种苗表面干燥②田间管理时避免菠萝植株受外伤③设防风林,以防冬季冷风危害

续表 6-1

病害名称	发生时期	症状	防治措施
黑腐病	果实成长期及采收后	发病初期果实出现小而圆的水渍状软斑,病斑逐步扩大到整个果实,果肉由黄白色变为灰褐色或黑色,腐烂,有发酵臭味,变成半透明蓝或淡褐色水渍状斑点,而后渐变成褐色或黑褐色	①选用健康苗 ②植前种苗进行消毒 ③禁用萘乙酸和三十烷醇 ④采收时轻拿轻放,防止碰伤
黑心病	花期	小果及小果子房壁受害变成褐色或黑褐色,逐步木栓化,使果肉变硬	①选用抗病良种 ②增施钾肥,在花期每隔 2～3 周喷 1 次 1% 等量式波尔多液 ③合理密植,防冷害

表 6-2　菠萝主要虫害及防治方法

虫害名称	发生时期	症状	防治措施
蛴螬	全生长期	危害根与茎,造成全株干枯而死	①敌百虫溶液喷淋根茎部,灭幼虫 ②用黑光灯在成虫期诱杀或人工捕杀
粉蚧	全生长期	粉蚧潜入菠萝根、茎隐蔽处吮吸汁液,被害植株叶片褪色变黄至红黄,软化下垂呈凋萎状;被害果实生长不良,失去光泽,并可诱发煤烟病,传染凋萎病	①种苗植前用合杀虫剂(如敌百虫)溶液浸苗 10～15 分钟,喷洒杀虫剂(如敌百虫)灭蚂蚁 ②在粉蚧大量发生时,喷洒松脂合剂,夏季用 20 倍液,冬季用 10 倍液 ③拔除病株销毁,植穴洒施杀虫剂

6.4.2　关键时期养分吸收配比

在种植密度为 3630 株/亩的无刺卡因菠萝园中,菠萝要吸收氮 40.8,磷 5.0,钾 58.3,钙 12.0,镁 10.8 千克/亩,无刺卡因菠萝整个生育期植株固定的养分含量,见表 6-4,收获果实和采摘种苗带走的养分,见表 6-5。无刺卡因菠萝吸收的养分元素含量超过 2/3 以上储存于植株,其余通过采摘果实和芽苗方式被带走,其中吸收的氮有 71.4% 储存于老植株,28.6% 被果实和芽苗带走;吸收的磷有 63.8% 储存于老植株,26.2% 被果实和芽苗带走;吸收的钾有 61.6% 储存于老植株,28.4% 被果实和芽苗带走;吸收的钙有 74.0% 储存于老植株,26.0% 被果实和芽苗带走;吸收的镁有 83.3% 储存于老植株,17.7% 被果实和芽苗带走。

表 6-4　菠萝植株固定的元素养分含量

元素	氮	磷	钾	钙	镁
养分吸收含量/(千克/亩)	29.0	3.0	35.8	8.9	8.9

注:此表中的养分含量以 3 630 株/亩为材料

表 6-5　收获时菠萝果实和种苗带走的养分元素含量

部位	养分元素含量/(千克/亩)				
	氮	磷	钾	钙	镁
果实	9	1.3	17.9	2.2	1.3
种苗	2.6	0.4	4.5	0.9	0.4
合计	11.6	1.7	22.4	3.1	1.7

菠萝生长过程经历生物量分别向叶片、茎和果实快速累积 3 个阶段。在营养生产期,生物量增加主要以叶片为主,积累整个生物量 12.3%,花芽分化期主要以茎生长为主,生物量增加 7.3%;果实发育期以果实发育为主,生物量增加 17.7%。菠萝对氮、磷、

钾的吸收均呈双峰曲线,在营养生长期达最大值,达 $40\%\sim45\%$,而后下降为 $20\%\sim25\%$,然后继续上升,达 $30\%\sim34\%$(表 6-6)。

表 6-6　菠萝不同生长阶段氮、磷、钾养分吸收比例

生长阶段		养分吸收比例/％			比例
生长天数	生育期	氮	磷	钾	氮：磷：钾
0～403	营养生长期	40.0	44.9	43.6	1：0.1：2.5
403～444	花芽分化期	25.9	23.9	26.0	1：0.1：2.4
444～546	果实发育期	34.0	31.5	30.5	1：0.1：2.3

6.4.3　中微量元素管理

菠萝养分吸收量的大小顺序是钾＞氮＞钙＞镁＞磷,生产中农户增加过磷酸钙的施用量,对增产持续有效,误以为是磷的作用,实际上是钙的增产作用。菠萝果实中钾/氮、钙/磷接近 2;铁/锌、铁/铜接近 3;铜/锌接近 1;中微量元素中锰/铁接近 2,菠萝对钙、锰、铁的吸收规律与氮的吸收规律基本相同。由于菠萝吸收镁的量大于磷的吸收量,菠萝易出现缺镁症状;此外,砖红壤是酸性土壤,富含铁和锰,因锰的吸收量是铁的 2 倍,锌和铜的 6 倍,菠萝栽培中极易造成养分吸收的失衡,易出现缺铁症状。因此,应控制土壤酸性,营养生长期一定要注意镁和铁的补充。同时要适当补充锌和铜,以免锰的奢侈吸收造成养分元素间的不平衡。

6.4.4　水肥管理

菠萝传统种植中存在两大误区:一是认为菠萝"皮实",需肥量较小,施肥上随意性大,很少施用有机肥。二是认为菠萝抗旱,需水量小。针对菠萝种植中的误区,菠萝园施肥管理以增施有机肥和平衡施肥为主。有机肥不但能提供多种营养元素,而且在矿化过程中能释放大量的二氧化碳,增强土壤的透气性,有利于菠萝根系的正常生长。长期的有机肥投入能够增加土壤的持水能力,从而提高作物对水分的利用效率和产量。

合理的水肥管理对土壤有机质的提升具有重要作用,且水分对土壤有机质的形成和分解,具有明显的双重作用。一方面,水分可以促进植物生长,提高生物量,增加作物残茬和根系分泌物进入土壤的数量,提高土壤有机碳含量。另一方面,适宜的土壤含水量,可以提高土壤生物活性和酶活性,增加土壤生物数量,进而加速土壤有机质的矿化与分解,降低土壤有机碳含量。在施肥方式上,开展水肥一体化管理,施用配方肥,匹配作物需求,提高作物经济产量,提高肥料利用率。

6.4.5 肥料的选择

菠萝施肥遵循按需供应、合理配比的施肥原则,菠萝园的前茬作物、种植年限和施肥方式等,决定了基肥和追肥的产品选择。

6.4.5.1 基肥

菠萝园土壤以改土培肥为主,合理选择基肥。根据土壤现状,选用土壤调理剂、有机肥、生物有机肥等改土产品;根据作物养分需求特性,选择化肥、缓控释肥等肥料。菠萝是喜钙镁作物,对钙镁的需求量大。基肥施用大量过磷酸钙,以补充土壤中的钙,提高磷的有效性。

一般来说,土壤 pH 在 $4.0 \sim 5.0$,可每亩施石灰 25 千克。pH 高于 5.5 时,不能施用石灰;施硅肥可以抑制锰毒害,但施用时也要注意土壤 pH 问题。近年来,土壤调理剂产品不断上市,磷酸镁铵和木本泥炭类调理剂对控制锰毒有较好作用。

通常基肥的施用应结合菠萝园的种植年限与地力来选择,施肥历史不同,其土壤地力等也不同,因此在选择施用基肥过程中应根据具体的生产问题进行选择(表 6-7)。

表 6-7　菠萝园基肥选择推荐表

菠萝园类型	生产问题	对策	适宜的肥料产品及用量推荐
新菠萝园	前茬作物为蔬菜或香蕉，土壤养分含量高，酸化等障碍问题严重	施用有机质含量丰富肥料，以平衡施肥为主	①施用商品有机肥 2～3 米³/亩 ②施用腐殖酸复合肥或高磷复合肥 100～200 千克/亩
老菠萝园（大于 5 年）	土壤地力不肥，有机质含量少	增施有机肥，配合施用不同的调理剂产品	施用堆肥 4～6 米³/亩或施用商品有机肥 4～5 米³/亩，施用硅钙钾肥 50～75 千克/亩或土壤调理剂 50～100 千克/亩

6.4.5.2　追肥

菠萝耐瘠薄、抗旱，大部分栽植在旱坡地上，过去从不浇水，通过供水与施肥结合后，土壤养分有效性和碳库会产生变化，菠萝增产 30% 以上，增收 20%，省工 15%，明显的经济效益加速了菠萝水肥一体化技术的推广。通过水肥耦合在菠萝的生长发育期按作物需求与肥料浓度配比直接供给，水溶性肥料产品的选择是关键。

1. 根据作物养分需求选择营养型肥料

作物生长发育同时需要氮、磷、钾等多种营养元素，而不同的生长期对氮、磷、钾的养分需求不同。因此，各种元素肥料必须合理搭配施用，才能获得理想的收益。作物营养特性和土壤养分供应状况是决定施肥配比的两大主导因素。在确定作物的施肥配比时，可将作物的养分吸收比例作为依据，而后根据土壤养分供应状况进行调整。菠萝的营养生长期，使用高磷、高氮型肥料，促进根系和叶片发育；花芽分化期，选用平衡型肥料，控制群体的一致性；果实发育期，选用高钾型肥料，适当补充生长调节剂，保证果实的商品性。

2.根据生产障碍问题选择功能型肥料

对多年连作土壤酸化、板结的老菠萝园,可以选择腐植酸水溶性肥料,进行土壤理化性质的改良;可以选择有机液体生物肥,来调节土壤根区微生态环境,进而改良土壤。对于前茬为大水大肥的香蕉园,选择硫酸钾镁、磷酸镁铵、硫酸亚铁等进行平衡矫正,以提高菠萝群体生长的整齐度。对于土壤瘠薄新种植菠萝园,选用液体磷肥追施可显著提高叶片含磷量和经济产量,减少对磷的固定,显著增加 0～20 厘米土层中 Ca_2-P 和 Ca_8-P 的含量,提高土壤磷的有效性和磷肥的利用率。

3.根据产值与施肥方式选择合适肥料品种

菠萝的经济效益高,可选择的肥料种类较为广泛。但在生产中也需结合其灌溉施肥方式进行肥料种类的选择。一般菠萝滴灌施肥只能以水调肥补充土壤中养分,而喷灌或微喷带施肥,可根据用水量灵活调节,用水量大时,叶片和土壤同时补充养分;当用水量小时,直接进行叶面喷施。滴灌施肥选用尿素、二铵、氯化钾等基础水溶性原料肥、水溶性好的硝基复合肥;喷灌带施肥选用尿素、高塔硝铵磷肥、硫酸钾镁、硫酸亚铁、硫酸锌等基础水溶性原料肥。

6.4.5.3　叶面追肥

喷施叶面肥是补充营养物质,尤其是中微量元素有效途径,能起到改善菠萝品质和提高菠萝产量的作用。在生育期中,菠萝缺少某种元素可以通过叶面喷施弥补根吸收的不足,叶面肥能够迅速被菠萝吸收,见效快,提高菠萝植株的群体一致性和整齐度。通常的用量为 1％的硫酸亚铁,1％的尿素,0.5％的硫酸钾镁,有条件的可加 0.2％的 EDTA,或者 1％硫酸亚铁加水溶性配方肥,于傍晚 5:00 左右均匀喷施于黄化叶片上。一般在催花前或干旱期进行,同时补充养分和水分,隔 15 天 1 次,共 3～5 次。傍晚前喷施,能保持较长时间的湿润状态,利于养分吸收,同时可防止阳光直射下,硫酸亚铁迅速氧化。

6.4.6　水溶性肥料的施用

6.4.6.1　菠萝滴灌套餐施肥方案

滴灌施肥适用于地形复杂、对环境安全要求较高地区的菠萝。菠萝品种为巴厘,种植密度为 4 200 株/亩,目标产量为 4.5 吨/亩,养分推荐数量为 N 28～40 千克/亩、P_2O_5 15～24 千克/亩、K_2O 40～55 千克/亩,灌水量为 90 方/亩,菠萝定植 1 个月后即开始灌溉施肥,整个生育期灌溉施肥 10～16 次。具体施肥方案,见表 6-8 和图 6-1。

图 6-1　菠萝滴灌施肥试验示范

表6-8 菠萝滴灌施肥方案

施肥时期	施肥时间	施肥量
生长发育期	定植后	过磷酸钙50~75千克
生长发育期	20~30天	方案一:复合肥(15~15~15)10~12千克、尿素2.4~3.4千克、氯化钾15~16千克 方案二:复合肥(15~15~15)10~12千克、硝酸钾8.5~11.5千克、氯化钾7.5~10千克
缓慢生长期	90~120天	方案一:复合肥(15~15~15)15~17千克、硫酸镁3~5千克、氯化钾16~17千克 方案二:复合肥(15~15~15)15~17千克、硝酸钾12.5~15千克、氯化钾5~7千克
快速生长期	150~165天	方案一:复合肥(24~10~5)35~40千克、尿素15~17千克、氯化钾30~32千克 方案二:复合肥(24~10~5)35~40千克、硝酸钾40~43千克、尿素3~4.5千克
快速生长期	180~195天	复合肥(22~9)45~50千克、氯化钾30~33千克、硫酸镁5~7.5千克
快速生长期	210~225天	复合肥(22~9)45~50千克、氯化钾30~33千克
快速生长期	240~255天	复合肥(22~9)50~56千克、氯化钾35~37千克、硫酸镁7.5~10千克
催花期	催花前15~30天	复合肥(16~6~20)34~35千克、硝酸钙5~7.5千克
果实膨大期	菠萝谢花后	复合肥(16~6~20)27~30千克、氯化钾8~10千克、硝酸钙3~5千克
壮芽期	果实收获后	复合肥(15~15~15)10~15千克

注:①表中代表每苗的施肥量 ②每次施用时,先清水灌溉15分钟,而后水肥灌溉,最后清水灌溉15分钟 ③目标产量为4 500千克以上,土壤上茬最好为其他作物或连作年限较少的菠萝地

6.4.6.2 菠萝喷灌带套餐施肥方案

喷灌带施肥适用于地势平缓、水源充足地区的菠萝生产。菠萝品种为卡因,种植密度为 4 000 株/亩,目标产量为 4 吨/亩,养分推荐数量 N 22 千克/亩、K_2O 20 千克/亩,过磷酸钙(P_2O_5 和 CaO)在种植之前施入土壤,直接通过叶片补充铁、镁、锌,灌水量 90～100 米³/亩,菠萝定植 1 个月后即开始灌溉施肥,整个生育期灌溉施肥 13 次。具体施肥方案,见表 6-9。

表 6-9　菠萝喷灌施肥方案

月份	施用次数	肥料施用量/(千克/亩)				
		尿素	硫酸钾	硫酸亚铁	硫酸锌	硫酸镁
0—3	4	12	15	0.5	0.1	1.3
4—8	5	20	20	0.5	0.2	1.8
9—10	2	24	30	1	0.3	2.6
11—12	2	32	35	1	0.3	3.2
总量		88	100	3	0.9	8.9

6.4.6.3 菠萝微喷灌套餐施肥方案

微喷带施肥适用于地势平缓、水源充足地区的菠萝生产。菠萝品种为巴厘,种植密度为 4 200 株/亩,目标产量为 5 吨/亩以上,养分推荐数量为 N 70～100 千克/亩、P_2O_5 15～20 千克/亩、K_2O 80～105 千克/亩,灌水量 90～820 米³/亩,直接通过叶片补充铁、镁、锌,灌水量为 120～140 米³/亩,菠萝定植 1 个月后,即开始灌溉施肥,整个生育期灌溉施肥 13 次。具体施肥方案,见表 6-10。

表6-10 菠萝微喷灌套餐施肥方案

施肥时间	施肥次数	氮	磷	钾	镁	硫	铁	锌	海藻肥
9月种植	1	20	3.5	31.5	1.5	3.5	0	0	0
第2年3月	1	8.14	0.7	8.2	0	0	0	0	0
4月	2	26.34	4.2	33.7	1.5	3.5	0	0	0
5月	2	3.53	0.48	11.71	0.15	0.436	0.15	0	11.5
6月	2	7.68	0.7	4	0	0.103 8	0.18	0.223	0
7月	2	8.14	0.7	8.2	0	0	0	0	0
8月	2	8.14	0.7	8.2	0	0	0	0	0
9月	2	20	3.5	31.5	1.5	3.5	0	0	0
合计	14	101.97	14.48	137.01	4.65	11.039 8	0.33	0.223	11.5

注:①表中代表每亩每次的施肥量 ②氮、磷、钾第一次施用(种植基肥)以尿素、过磷酸钙、硫酸钾土施,硫酸钾中期快速生长时施用 ③灌溉施肥以复合肥为主,以复合肥(17~22)和硝酸钾为主 ④每次施用时,田间每次开5条灌带,每次喷灌概10分钟

6.4.7 菠萝营养套餐推荐施肥方案

菠萝生长过程经历生物量分别向叶片、茎和果实快速累积 3 个阶段。在营养生长期，生物量增加主要以叶片为主，积累到整个生物量的 12.3%，花芽分化期主要以茎生长为主，生物量增加 7.3%；果实发育期以果实发育为主，生物量增加 17.7%。对于不具备灌溉条件的菠萝园，菠萝的施肥要根据天气状况，在雨前或雨后抓住时机，抢墒施肥，最大限度提高施肥效果。菠萝营养套餐肥料选择方案，见表 6-11。

表 6-11　菠萝营养套餐肥料选择方案

方案	生育期	产品类型与配方
A. 采用普通复合肥和单质肥料（市场低迷时）	营养生长期	选用高氮型复合肥，如 22～8～15，硝磷铵等；或者选用单质肥料，如尿素、硝酸钾、二铵、硫酸钾等
	催花期	选用平衡复合肥，如 15～15～15 等，或者选用单质肥料，如尿素、硝酸钾、硝酸钙、硫酸钾等；在此基础上，适量增施含镁肥料，如硫酸钾镁（$K_2O \geqslant 22\%$，$Mg \geqslant 6\%$，$S \geqslant 14\%$）
	果实发育期	选用高钾型复合肥，如 15～5～25、16～8～24 等；或者选用单质肥料，如尿素、硝酸钾、一铵、硫酸钾等
B. 采用水溶性硝基肥（市场预期好）	营养生长期	选用高氮型硝基肥，如 22～8～15 等
	催花期	选用高磷型硝基肥，如 15～18～10 等；在此基础上，适量增施含镁肥料，如硫酸钾镁肥（$K_2O \geqslant 22\%$，$Mg \geqslant 6\%$，$S \geqslant 14\%$）
	果实发育期	选用高钾型硝基肥，如 15～5～20 等；在此基础上，也可选择腐植酸水溶肥料、生物型有机液体水溶肥料等

续表 6-11

方案	生育期	产品类型与配方
C.采用完全水溶性肥料（市场预期好）	营养生长期	选用高氮型水溶性肥料，如 25～10～15、20～10～20 等
	催花期	选用高磷型水溶性肥料，如 15～20～15 等；在此基础上，适量增施含镁肥料，如硫酸钾镁肥（$K_2O \geq 22\%$，$Mg \geq 6\%$，$S \geq 14\%$）
	果实发育期	选用高钾型水溶性肥料，如 15～5～25、18～5～27 等；在此基础上，也可选择腐植酸水溶肥料、生物型有机液体水溶肥料等

6.5 灌溉

菠萝的需水量与其生育期和土壤水分含量密切相关，每天的需水量从 1.3～5.0 毫米（Py，1965）。营养生长期，月降雨量＜130 毫米，应补充灌溉，月灌溉量控制在灌溉量 15～30 毫米（10～20 米³/亩）；花芽分化至开花期；月降雨量＜131 毫米，月灌溉量控制在 30～60 毫米（20～40 米³/亩）；果实发育期，月降雨量＜90～105 毫米，月灌溉量控制在（10～15 米³/亩）；整个生育期灌溉量控制在 60～105 米³/亩。

6.6 除草

菠萝地主要杂草有净香附子、茅草、竹节草、硬骨草等。菠萝草害主要发生在营养生长前期菠萝封行前，一般采用人工除草与化学除草剂相结合的方法。菠萝园最常使用的除草剂有 20%克无踪、75%茅草枯、80%秀灭净、20%二甲四氯钠和 50%草脱净，其中,最常使用的是 20％克无踪和 80％秀灭净。20％克无踪对一年生杂草效果好,基本能够除净。通常 20 升水放 40～60 毫升20％克无踪,也可以使用 80％秀灭净可湿性粉剂和 80％除草定可湿性粉剂,对水 30～45 升喷雾。新植园地应勤除草早除草,一年进行 4～5 次,在 4—9 月的杂草生长旺季,应 1～2 个月除草 1 次,秋、冬季之间再进行 1 次。老菠萝园除草可减少至每年 2 次,一次在 5—6 月,另一次在秋、冬季之间。菠萝草害的主要防治方法,一般采用人工除草和化学除草剂相结合的方法。

6.7　催花和壮果

菠萝生长超过 15 个月后,即使不催花,遇到极端天气,就会自然成花,为了提高菠萝的商品率,便于统一采收,一般都要进行人工催花。以巴厘为例,30 厘米长的叶片 30 片以上,用 600 倍乙烯利溶液加 1％尿素溶液灌施株心,每株灌 30～50 毫升,7～10 天以后再灌株心 1 次。壮果,在菠萝开花后期喷施两次壮果肥,果面喷施 50～100 毫升/升的赤霉素加 1％尿素,隔 1 个月再喷施 70～100 毫升/升的赤霉素加 1％的磷酸二氢钾或喷施 1 克九二零加0.15 千克尿素,20 天后再喷施 2 克九二零加 0.2 千克尿素。随着人民生活水平的提高,人们越来越关注果实的品质和安全,因此,商品果生产建议尽量减少甚至取消壮果肥的施用。

6.8　科学管理

我国菠萝栽培的主要障碍因子是低温和季节性干旱。环境温度低于 20℃,菠萝生长速度就会显著下降,7℃ 以下,则生长完全停止;而我国菠萝种植大部分地区,在每年 1—3 月气温较低,气温通常在 5～20℃,容易造成冷害,同期降水量较少,菠萝生长缓慢。

因此,在菠萝生产中,有条件的地方铺设地膜增温或通过微喷带喷水抵御冷害,而在 11—12 月可选择增施含氨基酸、腐殖酸等具有促根抗逆作用的功能型水溶性肥料,增强菠萝的抗逆性。在日晒较强的季节,果实收获前 1 个月用稻草、杂草或遮阴网等覆盖果实,可套纸袋或束叶护果。在寒害期,应用稻草、杂草或农用塑料薄膜等材料覆盖于植株顶部,在平流低温阴雨天,用农用塑料薄膜覆盖的效果最佳。低温、阴雨天气一过,即将覆盖物移去。

6.9 采收

根据品种、用途和市场需要决定采收期。本地销售的鲜食果宜在成熟度达九成时采收,即有 1/3 的果实转为黄色。外销的鲜食果应视运输的远近和是否作采后催熟等因素而定,但其成熟度应达七成以上,即 1/3 果实基部出现隐黄色。冬、春季采收的果实成熟度应比夏、秋季采收的果实成熟度稍高。加工用果由加工厂决定。当果实基部转为绿豆色或果实基部小果裂缝转为橙黄色时,而且有收获计划,方可用乙烯利催熟。果实采收和装运过程尽可能轻拿轻放,避免造成损伤,减少损失。

6.10 种苗培育

每亩留苗 20 000～28 000 株,用 1‰的尿素溶液根外喷施 3 次以上,待托芽生长健壮备用。

第7章 菠萝水肥一体化技术需要的设施设备及肥料

7.1 微灌

7.1.1 微灌系统的组成

微灌(microirrigation)是按照作物需求,通过管道系统与安装在末级管道上的灌水器,将水和作物生长所需的养分以较小的流量,均匀、准确地直接输送到作物根部附近土壤的一种灌水方法。微灌系统主要由水源工程、首部枢纽工程、输水管网、灌水器4部分组成。①水源工程包括江河、渠道、湖泊、水库、井、泉等均可作为微灌水源,但其水质需符合微灌要求。②首部枢纽工程包括水泵、动力机、肥料和化学药品注入设备、过滤设备、控制器、控制阀、进排气阀、压力流量量测仪表等。首部枢纽工程是微灌工程中非常重要的组成部分,也是整个系统的驱动、检测和控制中枢。其作用是从水源中取水经加压过滤后输送到输水管网中去,并通过压力表、流量计等计量设备监测系统运行情况。③输配水管网包括干、支管和毛管3级管道。毛管是微灌系统的最末一级管道,其上安装或连接灌水器。输配水管网的作用是将首部枢纽处理过的水按照要求输送分配到每个灌水单元和灌水器。④灌水器是直接施水的设备,其作用是消减压力,将水流变为水滴或细流或喷洒状施入土壤。

7.1.2　类型

微灌分为以下 4 种类型：①地表滴灌（surface drip irrigation）是通过末级管道（称为毛管）上的灌水器，即滴头，将压力水以间断或连续的水流形式灌到作物根区附近土壤表面的灌水形式。②地下滴灌（subsurface drip irrigation，简称 SDI），将水直接施到地表下的作物根区，其流量与地表滴灌相接近，可有效减少地表蒸发，是目前最为节水的一种灌水形式。③微喷灌（micro-spray，micro-jet 或 minisprinkler irrigation）是利用直接安装在毛管上或与毛管连接的灌水器，即微喷头，将压力水以喷洒状的形式喷洒在作物根区附近的土壤表面的一种灌水形式，简称微喷。微喷灌还具有提高空气湿度，调节田间小气候的作用。但在某些情况下，例如草坪微喷灌，属于全面积灌溉，严格来讲，它不完全属于局部灌溉的范畴，而是一种小流量灌溉技术。④涌泉灌（bubbler irrigation）是利用管道中的压力水通过灌水器，即涌水器，以小股水流或泉水的形式施到土壤表面的一种灌水形式。

7.1.3　优、缺点

7.1.3.1　优点

微灌可以非常方便地将水施灌到每一株植物附近的土壤，经常维持较低的水应力满足作物生长要求。

微灌还具有以下诸多优点：①省水。微灌按作物需水要求适时适量地灌水，仅湿润根区附近的土壤，因而显著减少了灌溉水损失。②省工。微灌是管网供水，操作方便，劳动效率高，而且便于自动控制，因而可明显节省劳力；同时微灌是局部灌溉，大部分地表保持干燥，减少了杂草的生长，也就减少了用于除草的劳力和除草剂费用；肥料和药剂可通过微灌系统与灌溉水一起直接施到根系附近的土壤中，不需人工作业。③节能。微灌灌水器的工作压力一般为 50～150 千帕，比喷灌低得多，又因微灌比地面灌省水，对提水灌溉来说意味着减少了能耗。④灌水均匀。微灌系统能够做到有效地控制每个灌水器的出水流量,因而灌水均匀度高,一般可达85％以上。⑤增产。微灌能适时适量地向作物根区供水供肥,为作物根系活动层土壤创造良好的水、热、气、养分环境,因而可实现高产、稳产,提高产品质量。⑥对土壤和地形的适应性强。微灌采用压力管道将水输送到每棵作物的根部附近,可以在任何复杂的地形条件下有效工作。

7.1.3.2 缺点

一般微灌系统投资要远高于地面灌;灌水器出口很小,易被水中的矿物质或有机物质堵塞,如果使用维护不当,会使整个系统无法正常工作,甚至报废。

7.1.4 发展

各种微灌技术措施的共同特点是用塑料(或金属)低压管道,把流量很小的灌溉水送到作物附近,再通过体积很小的塑料(或金属)滴头或微喷头,把水滴在或喷洒在作物根区或在作物顶部形成雨雾,也有通过较细的塑料管把水直接注入根部附近土壤。这类灌水方法与地面灌溉和喷灌比较,灌水的流量小,持续时间长,间隔时间短,土壤湿度变幅小。

根据许多国家的试验结果,微灌比喷灌省水30％左右,比地面灌省水75％左右。一般微灌采用的工作压力为50～150千帕,能量消耗较小。由于微灌可以使作物根区土壤始终处于有利于作物生长的水分状况,一般均可取得明显的增产效果。微灌还可以使土壤经常保持较高的含水量。雾灌除具有补充土壤水分作用外,还有提高空气湿度、降温、防霜冻等调节小气候的作用。

用透水管进行滴灌试验,开始于20世纪20—30年代,20世纪60年代末和70年代初,滴灌技术得到较大规模地采用,但堵塞问题成为进一步发展滴灌的最大障碍。滴灌对水质的要求很高,

20 世纪 80 年代初开始在滴灌管道上装上微喷头,形成微喷灌,减轻了堵塞问题。涌泉灌是将微灌系统上的微喷头或滴头去掉,代以一截短管,直接从管口涌水,对果树等进行局部灌溉,虽流量比微灌或滴灌要大,但能有效地防止堵塞问题。到 20 世纪 80 年代中期,虽然全世界微灌面积仅有 42 万公顷,但已广泛用于灌溉果树、蔬菜、花卉、葡萄等作物,国际灌溉排水委员会还专门设立了微灌工作组。由于微灌每亩灌水定额可控制在 5 米左右,节水效果极其显著。虽然其技术的成熟程度尚不如喷灌,但已成为一种很有发展前途的节水灌溉方法。

7.2　微灌简介

根据灌水器的不同,一般可将微灌系统分为微喷灌、滴灌、涌泉灌和渗灌 4 种形式。

7.2.1　微喷灌

微喷灌是通过低压管道将有压水流输送到田间,再通过直接安装在毛管上或与毛管连接的微喷头或微喷带将灌溉水喷洒在土壤表面的一种灌溉方式。灌水时水流以较大的流速由微喷头喷出,在空气阻力的作用下粉碎成细小的水滴降落在地面或作物叶面,其雾化程度比喷灌要大,流量比喷灌小,比滴灌大,介于滴灌与喷灌之间。

我国应用微喷灌的历史较短,它的主要灌溉对象是果树、蔬菜、花卉和草坪,在温室育苗及木耳、蘑菇等菌类种植中也适合采用为喷灌技术。实践表明,微喷灌技术在经济作物,特别是果树灌溉中,具有其他灌溉方式不具备的优点,综合效益显著、其雾化程度高,灌水速率小的特点,在菌类种植中非常适用。

7.2.2 滴灌

滴灌就是滴水灌溉技术,它是将具有一定压力的水,由滴灌管道系统输送到毛管,然后通过安装在毛管上的滴头、孔口或滴灌带等灌水器,将水以水滴的方式均匀而缓慢地滴入土壤,以满足作物生长需要的灌溉技术,它是一种局部灌水技术。由于滴头流量小,水分缓慢渗入土壤,因而在滴灌条件下,除紧靠滴头下面的土壤水分处于饱和状态以外,其他部位均处于非饱和状态,若灌水时间控制得好,基本没有下渗损失,而且滴灌时土壤表面湿润面积小,有效减少了蒸发损失,节水效果非常明显。

可采用滴灌进行灌溉的作物种类很多,如葡萄、桃、梨、板栗等果树经济作物,番茄、黄瓜等垄作蔬菜,在盆栽花卉、苗圃等场合也有很好的应用前景,另外,粮食作物,如玉米、马铃薯已开始大规模应用滴灌,烟草、芦笋等条播或垄作作物均可使用滴灌系统。滴灌技术发展到现在,已不仅是一种高效灌水技术,它与其他施肥、覆膜等农业技术措施相结合,已成为一种现代化的综合栽培技术。

7.2.3 涌泉灌溉

涌泉灌溉是通过安装在毛管上的涌水器形成的小股水流,以涌泉方式湿润作物附近土壤的一种灌溉形式,也称为小管出流灌溉。涌泉灌溉的流量比滴灌和微喷灌大,一般都超过土壤的入渗速度。为了防止产生地表径流,需要在涌水器附近挖一小水坑或渗水沟以分散水流。涌泉灌溉尤其适合于果园和植树造林林木的灌溉。

7.2.4 渗灌

渗灌技术是继喷灌、滴灌之后的又一节水灌溉技术。渗灌是一种地下微灌形式,是在低压条件下,通过埋于作物根系活动层的灌水器,根据作物的生长需水量定时定量地向土壤中渗水供给作物。渗灌系统全部采用管道输水,灌溉水是通过渗灌管直接供给作物根部,地表及作物叶面均保持干燥,作物棵间蒸发减至最小,计划湿润层土壤含水率均低于饱和含水率,因此,渗灌技术的利用率是目前所有灌溉技术中最高的,渗灌主要适用于地下水较深、地下水及土壤含盐量较低、灌溉水质较好、湿润土层透水性适中的地区。

渗灌技术的优点是地表不见水、土壤不半截、土壤透气性较好、改善生态环境、节约肥料、系统投资低等。统计资料表明,渗灌水的田间利用率可达95%,渗灌比漫灌节水75%、比喷灌节水25%。但其缺点是毛管容易堵塞,且易受植物根系影响,有些植物根系会钻进渗灌管的毛细孔内破坏毛管。在地下害虫猖獗的地区,害虫会咬破毛管,导致大面积漏水,最后使系统无法运行。

目前,渗灌技术在我国部分地区的应用已体现出了它的优势,具有较好的推广应用价值,但在技术上还有许多方面需要研究与探究。

7.3 微灌设备

7.3.1 灌溉设备

灌溉设备主要包括水源、水泵、过滤设备、稳定与安全设备、输配水管网和灌水器。①水源包括泉、河、湖、井等,而且一般需要修建蓄水池,保证有稳定的水量供应,满足灌溉要求。②水泵是加压设备,动力可以是电源或发动机。③过滤设备主要有沉沙池、旋流水砂分离器、砂石过滤器、叠片式过滤器、筛网式过滤器等。④稳定与安全设备主要逆止阀、进排气阀、压力及流量测量装置。⑤输配水管网包括干、支管和毛管3级管道。⑥灌水器主要有滴头、滴灌带、微喷头、渗灌滴头、渗灌管等。

7.3.2 施肥设备

施肥设备主要有旁通施肥罐、文丘里施肥器、泵吸肥法、泵注肥法、自压重力施肥法、施肥机等。选用施肥设备时需要根据水电（动力）条件、地形地貌、种植面积大小、经济价值等因素确定合理的施肥设备。不同施肥设备的优、缺点和适用范围,见表 7-1。

表 7-1 不同施肥设备优、缺点比较

施肥设备	优点	缺点	适用范围
旁通施肥罐	成本低,易操作,不需要外加动力,体积小	施肥过程中肥液浓度不均一,倒肥不方便,需要多次倒肥,工作效率低	适合适用液体肥料和水溶性固体肥料,适用于温室大棚和大田种植
文丘里施肥器	成本低,维护费用低,肥液浓度均一,不需要外加动力,观察施肥进程容易	系统要求较高压力,施肥过程中压力波动大	适用于小面积种植
自压重力施肥法	施肥简单方便,施肥浓度均匀,用户易于接受	需要较多人力搬肥溶肥	有一定坡度的丘陵山地
泵吸肥法	不需要外加动力,结构简单,操作方便	施肥时需要人照看	适用范围广,可大面积应用
注射泵	精确施肥设备,可控制肥料用量或施肥时间	价格昂贵,使用肥液	无土栽培
施肥机	精确施肥、自动化	价格昂贵,使用肥液	无土栽培

7.4 肥料选择

肥料按照剂型分为有液体肥料和固体肥料,与固体肥料相比,液体肥料的优点是可直接使用,不用担心肥料溶解的问题,可与除草剂、农药混合使用,能够提高微量元素用量。其缺点是运输成本大,价格昂贵。绝大多数水溶性固体或液体肥料都适用于微灌施肥。氮素包括尿素、硝酸铵、硝酸钙、硝酸钾;钾素包括氯化钾、硝酸钾、硫酸钾镁等。

对于菠萝而言,大部分磷素主要使用过磷酸钙作基施,这种做法具有 3 个方面的作用:①增加土壤中的有效磷。②补充土壤中的钙损失。③改善土壤结构,增加土壤的缓冲性。菠萝对氮素和钾素需求量大,且氮素容易发生淋洗,通过微灌施肥少量多次施用氮素和钾素不但可大幅度提高肥料利用率,而且可以明显改善菠萝品质。

1. 肥料的选择应考虑肥料形态、土壤类型、水质及价格等因素

在土壤温度较高条件下,菠萝呼吸作用加强,与铵态氮结合的糖含量低,从而导致过多的铵态氮损伤根系;而在土壤温度较低的情况下,铵态氮较为安全。

在重黏土中,滴灌系统滴头附近形成一个渍水区域,温度较高时,会导致硝态氮通过反硝化作用转变成氮气或一氧化氮气体损失,在这种情况下,即使通过灌溉管道供应硝态氮,也可能出现缺氮症状,而同时施用低浓度铵或尿素可以有效避免上述问题。此外,维持 pH 在 5.5 左右可避免磷肥在灌溉水中形成沉淀,从而避免灌水器堵塞。如果需要补充微量元素的话,选择一些螯合态微量元素不但不易沉淀,且能增加其向根移动性。

2. 肥料之间的兼容性在肥料的选择上至关重要

在水质符合要求的情况下,合理使用单质肥料不会产生问题。若两种或几种肥料混合时要充分考虑其兼容性,混合时必须保证肥料之间不能有沉淀生成,且混合后不改变它们的溶解度。近 5 年来,作物专用肥发展迅速,专用配方肥养分全面、配比合理,利于菠萝生长,同时施用菠萝专用肥,可以避免由于肥料选择不当导致的灌溉系统堵塞。具体的肥料选择,见表 7-2。

表7-2　菠萝水肥一体化使用肥料

肥料名称	种类	使用时期	备注
氮肥	尿素、硫酸铵、氯化铵、硝酸钙、硝酸铵、硝酸铵钙、尿素硝酸铵溶液	主要在果实发育前期以前使用,果实采收后促进芽苗生长时使用	硫酸铵、硝酸钙、硝酸铵钙二元复合肥的效果佳,既能增加氮,又能补充硫、钙
磷肥	磷酸一铵、磷酸二铵、磷酸二氢钾	主要在营养生长期使用	磷酸二氢钾可以全程使用
钾肥	硝酸钾、硫酸钾、氯化钾、腐植酸钾	菠萝是喜钾作物,配合硝酸钾全程使用	腐植酸钾以底肥重施具有增加土壤有机质和改土的双重作用
菠萝专用肥	三元复合肥(15～5～25;16～8～24;17～5～25 等),硫酸钾镁(S～Mg～K_2O 14～6～22)	基肥、追肥、叶面肥均可使用	$N:P_2O_5:K_2O$ 比例接近1:0.3:1.8 效果佳
钙肥	硝酸钙、氯化钙、硝酸铵钙、螯合态钙	叶面喷施为主,果实发育期使用	基施时以过磷酸钙为主,极强酸土壤(pH<4.5)考虑使用石灰
镁肥	硝酸镁、氯化镁、硫酸镁、螯合镁	叶面喷施为主	多年连作菠萝地(>5 年)一定要补充镁
铁肥	硫酸亚铁、硫酸亚铁铵、螯合态铁	叶面喷施为主	菠萝生长的早期(前 6 个月)适当补充铁
锌肥	硫酸锌、硝酸锌、氯化锌、螯合态锌	叶面喷施为主	多年连作菠萝地(>8 年)一定要补充锌

参 考 文 献

[1] Azevedo, P V de, Souza, et al. 2007. Water requirements of pineapple crop grown in a tropical environment [J]. *Agricultural Water Management*, 88:201-208.

[2] Bartholomew D P, R E Paul, K G Rohrbach. 2002. The pineapple: botany, production and uses [M]. CABI Publishing.

[3] Bartholomew D P, Rohrbach K G, Evans D O. 2002. Pineapple Cultivation in Hawaii [J]. *Fruit and Nuts*, 7: 1-8.

[4] De Souza, C B, de, Silva, et al. 2008. Fluxos de energia e desenvolvimento da cultura do abacaxizeiro [J]. *Revista Brasileira de Engenharia e Ambiental*, 12(4):400-407.

[5] Ekern, P C, 1964. The Evapotranspiration of Pineapple in Hawaii. Research Report 109. Honolulu, HI: Pineapple Research Institute of Hawaii.

[6] Evans, D O, Sanford, et al. 2002. Growing pineapple. In Pineapple Cultivation in Hawaii, 4-8, (Eds d P Barholomew, K G Rohrbach, d O Evans). Manoa: HI: Fruits and Nuts 7, Cooperative Extension Service, University of Hawaii.

[7] Gambin Altare, J S. 2011. Curvas de absorción de nutrientes en el cultivo de piña (Ananas comosus var. MD-

2），*Tierra tropical*，8(2)，169-178.

[8] Hepton，A. 2003. Cultural system. Chapter 6. In The Pineapple，Botany，Production and Uses，69-107. (Eds d P Bartholomew，R E Pauli and K G Rohrbach). Wallingford，UK：CAB International.

[9] Py，C，1965. Attempts to overcome water shortage，the principal limiting factor of pineapple growing in Guinea [J]. *Fruits d'outro Mer*. 20：315-329.

[10] San-José，J，Montes，et al. 2007a. Seasonal patterns of carbon dioxide，water vapour and energy fluxes in pineapple[J]. *Agricultural and Forest Meteorology*，147：16-34.

[11] San-José，J，Montes，et al. 2007b. Diurnal patterns of carbon dioxide，water vapour and energy fluxes in pineapple (Ananas comosus (L) Merr. cv. Red Spanish) field using eddy covariance [J]. *Photosynthetica*，45：370-384.

[12] Turnbull C G N，Sinclair E R，Anderson K L，et al. 1999. Routes of Ethephon Uptake in Pineapple (Ananas comosus) and Reasons for Failure of Flower Induction[J]. *J Plant Growth Regul*,18:145-152.

[13] University of Hawaii. 2011. http://www. ctahr. hawaii. edu/fb/pineappl/pineappl. htm # Irrigation (accessed 9 August 2011).

[14] Van De Poel B，Ceusters J，De Proft M P. 2009. Determination of pineapple (Ananas comosus, MD-2 hybrid cultivar) plant maturity，the efficiency of flowering induction agents and the use of activated carbon[J]. Sci.

Hortic，120(1)：58-63.

[15] Wang R H，Hsu Y M，Bartholomew D P，et al. 2007. Delaying natural flowering in pineapple through foliar application of aviglycine，an inhibitor of ethylene biosynthesis[J]. *Hortscience*,42(5):1188-1191.

[16] Wassman R. C. 1990. Effects of seasonal temperature variations on pineapple scheduling for canning in Queensland[J]. *Acta Horticulturae*，275:131-138.

[17] Zhang J，Bartholomew D P. 1997. Effect of plant population density on growth and dry matter partitioning of pineapple[J]. *Acta Horticulture*，425:363-276.

[18] 贺军虎. 2015. 菠萝新品种及优质高产栽培技术[M]. 北京:中国农业科学技术出版社.

[19] 侯振华. 2010. 菠萝种植新技术[M]. 沈阳:沈阳出版社.

[20] 黄辉白. 2003. 热带亚热带果树栽培学[M]. 北京:高等教育出版社.

[21] 金琰,侯媛媛,刘海清. 2016. 中国菠萝产业市场定位及拓展策略研究[J]. 热带农业科学,36(7):64-67.

[22] 刘传和,刘岩. 2010. 我国菠萝生产现状及研究概况[J]. 广东农业科学,37(10)：65-68

[23] 刘传和,刘岩,易干军,等. 2009. 不同有机肥影响菠萝生长的生理生化机制[J]. 西北植物学报,29(12):2527-2534.

[24] 刘海清. 2016.中国菠萝产业国际竞争力研究[D]. 北京:农业资源与农业区划研究所研究生院.

[25] 刘亚男,马海洋,冼皑敏,等. 2015. 菠萝不同月份采收果实品质变化规律研究[J]. 热带农业科学,35(10):1-4.

[26] 刘亚男,马海洋,张江周,等. 2016. 不同菠萝品种滴灌施肥养分吸收特性和产量品质差异[J]. 中国南方果树,45(1):

62-65.

[27] 刘岩,钟云,刘传和. 2008. 菠萝生产实用技术[M]. 广州:广东科技出版社.

[28] 卢明,剧虹伶,洪珊,等. 2017. 不同菠萝品种矿质养分的积累特性及利用效率研究[J]. 果树学报:5:1-11.

[29] 马海洋,石伟琦,刘亚男,等. 2013. 氮、磷、钾对卡因菠萝产量和品质的影响[J]. 植物营养与肥料学报,19(4):901-907.

[30] 马海洋,石伟琦,刘亚男,等. 2016. 不同灌溉施肥模式对菠萝产量及水肥利用效率的影响[J]. 热带作物学报,37(10):1882-1888.

[31] 潘瑞炽,王小菁,李娘辉. 2008. 植物生理学[M]. 北京:高等教育出版社.

[32] 邱栋梁. 2011. 菠萝无公害高效栽培[M]. 北京:金盾出版社.

[33] 孙光明. 2013. 菠萝栽培技术[M]. 昆明:云南教育出版社.

[34] 谭宏伟,周柳强,谢如林,等. 2015. 菠萝施肥管理[M]. 北京:中国农业出版社.

[35] 王祥和,李雯,贾文君,等. 2009. 海南4个菠萝品种果实品质比较[J]. 亚热带植物科学,38(2):51-53.

[36] 翁树章,翁殊斐,佘钿城. 2001. 菠萝早结丰产栽培[M]. 广州:广东科技出版社.

[37] 谢盛良,刘岩,周建光,等. 2009. 水肥一体化技术在菠萝上的应用效果[J]. 福建果树,4:33-34.

[38] 严程明,张江周,刘亚男,等. 2012. 5个品种菠萝果实品质比较与分析[J]. 广东农业科学,19:42-44.

[39] 杨剑铖. 2011. 我国菠萝产业链优化研究[D]. 海口:海南大学.

[40] 张江周,严程明,刘亚男,等. 2013. 不同催花时期对菠萝果

实生长发育的影响[J].食品与营养科学,2:25-28.

[41] 张江周,严程明,刘亚男,等. 2013. 种苗大小对菠萝生长、产量和品质的影响[J].热带作物学报,34(11):2134-2137.

[42] 张江周,严程明,史庆林,等. 2014. 菠萝营养与施肥[M].北京:中国农业大学出版社.

[43] 周柳强,张肇元,黄美福,等. 1994. 菠萝的营养特性及平衡施肥研究[J].土壤学报,1:43-47.

附件 菠萝水肥一体化技术规程

1 主要内容与适用范围

1.1 主要内容

本规程规定了菠萝灌溉施肥的模式和肥料种类选择、施肥时期、方法和施肥量及注意事项等内容。

1.2 适用范围

本规程适用于广东、海南、云南菠萝主产区及类似生态区。

2 规范性引用文件

下列文件对于本规程的应用是必不可少的。凡是注日期的引用文件,仅注日期的版本适用于本规程。凡是不注日期的引用文件,其最新版本(包括所有的修改单)适用于本规程。

NY/T 496—2010 肥料合理使用准则 通则

GB/T 17420 微量元素叶面肥料

NY/T 5178 无公害食品 菠萝生产技术规程

3 用水、用肥量

在用水量上,每亩每次灌水 $6\sim12$ 米^3,根据降雨及土壤水分状况掌握。肥料采用液体水溶肥料或固体水溶肥料。肥料浓度一般为 0.1%～0.3%。滴灌肥水每年 90～120 米³。肥水供应次数为每年 10～16 次。

菠萝的用肥量依据目标产量而定,产量越高,菠萝吸收的养分越多(表1),需要施用的肥料越多。目标产量低时,中、低、高产田的基础地力是决定施肥量的关键因子;目标产量高时,基础地力仅作为施肥量的参考因素。

表1　不同产量水平下巴厘品质菠萝氮、磷、钾的吸收量

产量水平/(吨/亩)	养分吸收量/(千克/亩)		
	氮	磷	钾
2	14.0	1.4	28.4
3	21.7	2.1	42.6
4	28.8	2.8	56.8

3.1　菠萝滴灌施肥方案

滴灌施肥适用于地形复杂、对环境安全要求较高地区的菠萝。菠萝品种为巴厘,种植密度为 4 200 株/亩,目标产量为 4.5 吨/亩,养分推荐数量为氮 28～40 千克/亩、磷 15～24 千克/亩、钾 40～55 千克/亩,灌水量为 90 方/亩,菠萝定植 1 个月后即开始灌溉施肥,整个生育期灌溉施肥 10～16 次。具体施肥方案,见表2。

3.2　菠萝微喷灌套餐施肥方案

微喷带施肥适用于地势平缓、水源充足地区的菠萝生产。菠萝品种为巴厘,种植密度为 4 200 株/亩,目标产量为 5 吨/亩以上,养分推荐用量为氮 70～100 千克/亩、磷 15～20 千克/亩、钾 80～105 千克/亩,灌水量为 90～120 米³/亩,直接通过叶片补充铁、镁、锌,灌水量为 115.72～144.65 米³/亩,菠萝定植 1 个月后即开始灌溉施肥,整个生育期灌溉施肥 13 次。具体施肥方案,见表3。

菠萝水肥一体化技术

表 2 菠萝滴灌施肥方案

施肥时期	施肥时间/天	灌水定额/[m³/（亩·次）]	肥料种类及施肥量
生长发育期	定植后		过磷酸钙 50~75 千克
	20~30	6	方案一:复合肥(15~15~15)10~12 千克,尿素 2.4~3.4 千克,氯化钾 15~16 千克 方案二:复合肥(15~15~15)10~12 千克,硝酸钾 8.5~11.5 千克,氯化钾 7.5~10 千克
缓慢生长期	90~120	7	方案一:复合肥(15~15~15)15~17 千克,尿素 3.5~5.0 千克,氯化钾 16~17 千克,硫酸镁 3~5 千克 方案二:复合肥(15~15~15)15~17 千克,硝酸钾 12.5~15 千克,氯化钾 5~7 千克,硫酸镁 3~5 千克
	150~165	9	方案一:复合肥(24~10~5)35~40 千克,尿素 15~17 千克,氯化钾 30~32 千克 方案二:复合肥(24~10~5)35~40 千克,硝酸钾 40~43 千克,硫酸镁 3~4.5 千克
快速生长期	180~195	11	复合肥(22~9~9)45~50 千克,氯化钾 30~33 千克,硫酸镁 5~7.5 千克
	210~225	12	复合肥(22~9~9)45~50 千克,氯化钾 30~33 千克
	240~255	14	复合肥(22~9~9)50~56 千克,氯化钾 35~37 千克,硫酸镁 7.5~10 千克

续表 2

施肥时期	施肥时间/天	灌水定额/[m³/(亩·次)]	肥料种类及施肥量
催花期	催花前 15~30	12	复合肥(16~6~20)34~35 千克,硝酸钙 5~7.5 千克
果实膨大期	菠萝谢花后	10	复合肥(16~6~20)27~30 千克,氯化钾 8~10 千克,硝酸钙 3~5 千克
壮芽期	果实收获后	9	复合肥(15~15~15)10~15 千克

表 3　菠萝微喷带施肥方案

施肥时间	施肥次数	灌溉定额/[m³/(亩·次)]	氮	磷	钾	镁	硫	铁	锌	海藻肥
9 月种植	1	8	20	3.5	31.5	1.5	3.5	0	0	0
第 2 年 3 月	1	12	8.14	0.7	8.2	0	0	0	0	0
4 月	2	11	26.34	4.2	33.7	1.5	3.5	0	0	11.5
5 月	2	9	3.53	0.48	11.71	0.15	0.436	0.15	0	0
6 月	2	8	7.68	0.7	4	0	0.103 8	0.18	0.223	0
7 月	2	7	8.14	0.7	8.2	0	0	0	0	0
8 月	2	7	8.14	0.7	8.2	0	0	0	0	0
9 月	2	8	20	3.5	31.5	1.5	3.5	0	0	0
合计	14	120	101.97	14.48	137.01	4.65	11.039 8	0.33	0.223	11.5

4 肥料种类

施用的肥料应符合 NY/T 496—2010 和 NY/T 394 的规定要求。水肥一体化使用的肥料前提必须是杂质少、易溶于水、相互混合产生沉淀极少的肥料。

一般肥料种类为：氮肥（尿素、硝酸铵钙等）、钾肥（硝酸钾、硫酸钾、磷酸二氢钾、氯化钾等）、磷肥（磷酸二氢钾、磷酸一铵、聚合磷酸铵）等、螯合态微量元素、有机肥（黄腐酸、腐殖酸、氨基酸、海藻和甘蔗糖类等发酵物质）等。可按比例直接选用水溶性较好、渣极少的料浆高塔造粒复合肥、复混肥或直接选用液体包装肥料，推荐使用商品水溶肥，菠萝专用肥，溶解性好、杂质少。

5 滴灌施肥系统

5.1 蓄水池修建

蓄水池修建需要根据水源供水方便程度确定其大小和修建方式。蓄水池容量一般依据果园面积大小，按亩用水量 8 方设计计算。

蓄水池选址一般在果园中心位置，根据容量需要修建水泥池。防渗膜蓄水池四壁呈斜坡面，坡比为（2～3）∶1。铺设的防水材料一般为 HDPE 防渗膜，厚度 1 毫米，幅宽 6 米，接茬处高温热合。在距池口 1.5 米位置，挖宽 50 厘米，深 50 厘米的锚固沟将防渗膜压实，再在池口边砌 3 层砖，然后覆盖 15 厘米厚的土，最后在池周边修建防护栏。

5.2 施肥设备

滴灌系统一般由水源、首部枢纽、输水管道、滴头、各种控制电磁阀门和控制系统组成,微喷灌系统不适用滴头,直接用喷水带。自动化滴灌施肥系统除基本滴灌配置外,需增加自动反冲洗、过滤器、电磁阀、压力补偿滴头、远程控制系统、变频控制柜、自动施肥机或施肥泵等设备。首部控制枢纽一般包括变频控制柜、变频水泵、动力机、过滤器、化肥罐、空气阀、回止阀调节装置等。

过滤器一般采用旋流砂石分离器、自动砂过滤器、自动筛网式反冲洗过滤器、自动反冲洗叠片过滤器4种。根据水质情况一般选用2级或3级组合过滤系统,确保灌溉水质的清洁干净。输水管道是将压力水输送并分配到田间喷头中去。干管和支管输、配水作用,末端接滴头。滴灌管在地面一般顺行布置,滴头一般选用压力补偿式滴头,带有自清洁能力,不容易堵塞,不同滴头的滴水速度能保持一致。灌水器每小时流量为2升左右,直径16毫米。

一般控制系统是由中央计算机控制、触摸屏、无线数据传输设备、田间控制单元和相应传感器组成。可实现数据采集、传输、分析处理灌溉的全程自动化。根据控制系统运行的方式不同,可分为手动控制、半自动控制和全自动控制3类。

5.3 施肥系统

施肥系统包括500升开口施肥搅拌灌、输肥泵、$1\sim2$米^{3}的液体肥沉淀罐和$1\sim2$个1米^{3}施肥罐。一般采用不锈钢离心泵或柱塞泵、隔膜泵等将溶解肥料通过网式过滤后输入灌溉系统,也可采用文丘里和管道增压泵组成的自动施肥机进行灌溉。肥料罐一般采用锥形口底,便于肥渣清洗;肥料液注入口一般安装在灌溉过滤系统之前,以防止滴头堵塞。

5.4 使用效果及其注意事项

自动滴灌系统可以实现果园的高频灌溉,确保精确少量,多次灌溉。而且自动化程度高,人工清洗工作量少。施肥泵入时间至少在半小时以上,确保在管道混合均匀。施肥结束后立刻滴清水20～30分钟,将管道中残留的肥液全部排出,避免过量灌溉,灌溉在根系集中分布在土层0～40厘米处。

后　记

　　自 2009 年我们承担了中国热带农业科学院南亚热带作物研究所中央级公益性科研院所基本科研业务费专项"菠萝根际营养调控和应用技术研究(项目编号 SSCRI200912)"始,陆续承担中国农业大学高产高效湛江基地项目,中国热带农业科学院院本级项目"菠萝水肥资源高效利用与评价研究（项目编号 1630062013016)"和"菠萝最佳养分管理技术研究（项目编号 1630062014020)"、广东省耕地与肥料总站项目(粤农耕肥〔2013〕66 号),历经 5 年科研工作的持续积累,2014 年科研工作迎来全新发展机遇,有幸承担国家科技支撑计划项目课题"果树肥水一体化高效利用技术研究与示范(项目编号 2014BAD16B06)",从而以更加开阔的视野审视菠萝的水肥一体化技术,承接国家项目以来,各位同仁兢兢业业、共同奋斗、共同成长。历经 10 年的不懈努力,终于完成在菠萝产区的首部应用性强著作——菠萝水肥一体化技术。

　　为进一步把我们的科技成果推向更广阔的地区,为科技兴农、兴园、乡村振兴贡献一份绵薄之力,决定由研究团队的主要成员共同撰稿,齐心协力完成这部书稿。全书分 7 章,第 1 章主要介绍菠萝生物学特性,第 2 章介绍菠萝生育周期,第 3 章分析总结菠萝需水、需肥规律,第 4 章比较分析菠萝不同品种的抗旱性,第 5 章介绍菠萝节水技术与水肥一体化技术,给出水肥一体化技术推荐方案,供用户参考使用,第 6 章系统介绍菠萝关键栽培技术,便于种植户掌握和有所选择,第 7 章为菠萝水肥一体化技术需要的设施设备及肥料,供用户参考使用。其中,第1章、第2章由刘亚男、石伟琦执笔,第3章、第5章由马海洋、石伟琦执笔,第4章、第6章、第7章由石伟琦、刘思汝执笔,冯文星提供了试验过程中的精彩图片,一并在本书展示,研究团队其他成员也为本书提供了部分资料,最后由石伟琦统稿修订完成。本书统稿过程历时1年,先后得到热区耕地土壤改良科技创新团队——养分资源管理与平衡施肥项目(项目编号1630062017019)和岭南师范学院进站博士项目支持,在此一并致谢。

实现中国农业现代化,需要全社会的共同努力。希望本书能够为加快菠萝产业现代化建设的伟大实践提供科学依据和参考。书中提出的技术理念、方法、措施是基于开展一系列科研项目研发而得出的结论,或许有它的局限性,恳请各位读者不吝赐教,使菠萝水肥一体化生产技术在中华大地上结出丰硕果实,并发扬光大。

编　者

2018年10月

最佳养分资源管理试验

最适宜施肥次数试验

卡因

卡因

巴厘

巴厘

卡因

巴厘

"3414"试验

2009 年植物营养学科基地布置菠萝养分吸收规律科学试验

注：巴厘、卡因为菠萝两大主栽品种

2014 年水肥一体化
现场测产

2016 年水肥一
体化现场测产

测土配方施肥田间试验示范

水肥一体化田间试验示范

菠萝水肥一体化实验

丰收在望的菠萝

中国第一代引种成功金菠萝

水肥一体化技术生产的菠萝

小区设置

开沟施肥

菠萝苗消毒

菠萝规格栽植

布置完成的试验

菠萝简易水肥一体化试验

菠萝残茬粉碎还田

种植前拌肥

施肥机开沟施肥

菠萝种植

种植结束

铺设水肥一体化管道